中国八大菜系

◎ 主编 金开诚

◎ 编著 陈长文

吉林出版集团
吉林文史出版社

图书在版编目（CIP）数据

中国八大菜系 / 金开诚著. —— 长春 ：吉林文史
出版社, 2011.10 (2023.4重印)
（中国文化知识读本）
ISBN 978-7-5472-0888-5

Ⅰ. ①中… Ⅱ. ①金… Ⅲ. ①菜系－介绍－中国
Ⅳ. ①TS972.182

中国版本图书馆CIP数据核字(2011)第209680号

中国八大菜系

ZHONGGUO BA DA CAIXI

主编/金开诚　编著/陈长文

项目负责/崔博华　责任编辑/崔博华　刘姝君

责任校对/刘姝君　装帧设计/李岩冰　刘冬梅

出版发行/吉林出版集团有限责任公司　吉林文史出版社

地址/长春市福祉大路5788号　邮编/130000

印刷/天津市天玺印务有限公司

版次/2011年10月第1版　印次/2023年4月第3次印刷

开本/660mm×915mm　1/16

印张/9　字数/30千

书号/ISBN 978-7-5472-0888-5

定价/34.80元

前 言

　　文化是一种社会现象，是人类物质文明和精神文明有机融合的产物；同时又是一种历史现象，是社会的历史沉积。当今世界，随着经济全球化进程的加快，人们也越来越重视本民族的文化。我们只有加强对本民族文化的继承和创新，才能更好地弘扬民族精神，增强民族凝聚力。历史经验告诉我们，任何一个民族要想屹立于世界民族之林，必须具有自尊、自信、自强的民族意识。文化是维系一个民族生存和发展的强大动力。一个民族的存在依赖文化，文化的解体就是一个民族的消亡。

　　随着我国综合国力的日益强大，广大民众对重塑民族自尊心和自豪感的愿望日益迫切。作为民族大家庭中的一员，将源远流长、博大精深的中国文化继承并传播给广大群众，特别是青年一代，是我们出版人义不容辞的责任。

　　本套丛书是由吉林文史出版社组织国内知名专家学者编写的一套旨在传播中华五千年优秀传统文化，提高全民文化修养的大型知识读本。该书在深入挖掘和整理中华优秀传统文化成果的同时，结合社会发展，注入了时代精神。书中优美生动的文字、简明通俗的语言、图文并茂的形式，把中国文化中的物态文化、制度文化、行为文化、精神文化等知识要点全面展示给读者。点点滴滴的文化知识仿佛颗颗繁星，组成了灿烂辉煌的中国文化的天穹。

　　希望本书能为弘扬中华五千年优秀传统文化、增强各民族团结、构建社会主义和谐社会尽一份绵薄之力，也坚信我们的中华民族一定能够早日实现伟大复兴！

目录

一、鲁菜

中国是一个餐饮文化大国，烹饪技艺历史悠久，长期以来在某一地区由于地理环境、气候物产、文化传统以及民族习俗等因素的影响，经过漫长历史演变而形成有一定亲缘承袭关系、菜点风味相近、知名度较高，并为当地群众喜爱的地方风味著名流派。形成菜系的因素是多方面的。当地的物产和风俗习惯，如中国北方多牛羊，常以牛羊肉做菜；中国南方多产水产、家禽，人们喜食鱼、肉；中国沿海多海鲜，则长于海产品做菜。各地气候差异形成不同口味，一般说来，中国北方寒冷，菜肴以浓厚、咸味为主；中国华东地区气候温和，菜肴则以甜味和咸味为主；西南地区多雨潮湿，菜肴多用麻辣浓味。各地烹饪方法不同也形成了不同的菜肴特色。如山东菜、北京菜擅长爆、炒、烤、熘等；江苏菜擅长蒸、炖、焖、煨等；四川菜擅长烤、煸、炒等；广东菜擅长烤、焗、炒、炸等。

中国菜肴素有四大风味和八大菜系之说。四大风味是鲁、川、粤、淮扬。八

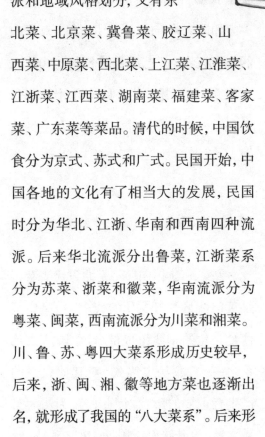

大菜系一般是指山东（鲁）菜、四川（川）菜、湖南（湘）菜、江苏（苏）菜、浙江（浙）菜、安徽（徽）菜、广东（粤）菜和福建（闽）菜。按文化流派和地域风格划分，又有东北菜、北京菜、冀鲁菜、胶辽菜、山西菜、中原菜、西北菜、上江菜、江淮菜、江浙菜、江西菜、湖南菜、福建菜、客家菜、广东菜等菜品。清代的时候，中国饮食分为京式、苏式和广式。民国开始，中国各地的文化有了相当大的发展，民国时分为华北、江浙、华南和西南四种流派。后来华北流派分出鲁菜，江浙菜系分为苏菜、浙菜和徽菜，华南流派分为粤菜、闽菜，西南流派分为川菜和湘菜。川、鲁、苏、粤四大菜系形成历史较早，后来，浙、闽、湘、徽等地方菜也逐渐出名，就形成了我国的"八大菜系"。后来形成最有影响和代表性的也为社会所公认的有：川、粤、苏、闽、浙、湘、徽、鲁等菜系，即人们常说的中国"八大菜系"。有人把"八大菜系"用拟人化的手法描绘为：苏、浙菜好比清秀素丽的江南美女；鲁、皖菜犹如古拙朴实的北方健汉；粤、闽菜宛如风流典雅的公子；川、湘菜就像内涵丰富充实、才艺满身的名士。中国"八大菜系"的烹调技艺各具风韵，代表了各地色、香、味、形俱佳的传统特色烹饪技艺。

(一) 概述

鲁菜，又叫山东菜，是北方代表菜，是黄河流域烹饪文化的代表，也是中国饮食文化的重要组成部分，中国八大菜系之一。鲁菜历史悠久，对其他菜系的产生有重要的影响，因此鲁菜为八大菜系之首。以其味鲜咸脆嫩，风味独特，制

作精细享誉海内外。善于以葱香调味，如"烤鸭""烤乳猪"等。

鲁菜的形成和发展与山东地区的文化历史、地理环境、经济条件和习俗尚好有关。鲁菜的孕育期可追溯到春秋战国，南北朝发展迅速，元、明、清三代被公认为一大流派，特别是明、清两代，鲁菜已成宫廷御膳主体，原料多选畜禽、海产、蔬菜，善用爆、熘、扒、烤、锅、拔丝、蜜汁等烹调方法，偏重酱、葱、蒜调味，善用清汤、奶汤增鲜，口味咸鲜。

鲁菜由济南和胶东两个地方菜发展而成，分为济南风味菜、胶东风味菜、孔府菜和其他地区风味菜，并以济南菜为典型，煎炒烹炸、烧烩蒸扒、煮汆熏拌、熘炝酱腌等有五十多种烹饪方法，扒技法为鲁菜独创，原料腌渍沾粉，油煎黄两面，慢火尽收汁；扒法成品整齐成型，味浓质烂，汁紧稠浓。鲁菜特色是清香、鲜嫩、味纯，以善用清汤、奶汤著称，清汤

色清而鲜，奶汤色
白而醇。胶东菜以
烹制各种海鲜菜驰
名，擅长爆炸扒蒸，
口味以鲜为主，偏
重清淡，注意保持
主料的鲜味。鲁菜总

的特点在于注重突出菜肴的原味，内地
以咸鲜为主，沿海以鲜咸为特色。

鲁菜的代表菜有蟹黄海参、白汁裙
边、干炸赤鳞鱼、菊花全蝎、汤爆双脆、
山东蒸丸、九转大肠、福山烧鸡、鸡丝蜇
头、清汤燕窝、清蒸加吉鱼、醋椒鳜鱼、
扒原壳鲍鱼、奶汤蒲菜、红烧海螺、烧蛎
黄、烤大虾、白汁瓢鱼、麻粉肘子等。

（二）鲁菜的形成

鲁菜的形成和发展与山东地区的文
化历史、地理环境、经济条件和习俗尚好

有关。山东是我国古文化发祥地之一，位于黄河下游，地处胶东半岛，延伸于渤海与黄海之间，海鲜水族、粮油畜牲、蔬菜果品、昆虫野味一应俱全，为烹饪提供了丰盛的物质条件。全省气候适宜，沃野千里，物产丰富，交通便利，文化发达，沿海一带盛产海产品，内地的家畜、家禽以及菜、果、淡水鱼等品种繁多，分布很广。山东粮食产量居全国第三位，蔬菜种类繁多，品质优良，是"世界三大菜园"之一，猪、羊、禽、蛋等产量也极为可观。水产品产量也是全国第三，其中名贵海产品有鱼翅、海参、大对虾、加吉鱼、比目鱼、鲍鱼等驰名中外。如此丰富的物产，为鲁菜

系的发展提供了取之不尽、用之不竭的原料资源。山东的历代厨师利用丰富的物产创造了较高的烹饪技术，发展完善了鲁菜。

鲁菜历史悠久，影响广泛。《尚书·禹贡》中载有"青州贡盐"，说明至少在夏代，山东已经用盐调味；远在周朝的《诗经》中已有食用黄河的鲂鱼和鲤鱼的记载，而今糖醋黄河鲤鱼仍然是鲁菜中的佼佼者，可见其源远流长。古书云："东方之域，天地之所始生也。鱼盐之地，海滨傍水，其民食鱼而嗜咸。皆安其处，美其食。"（《黄帝内经·素问·异法方宜论》）

鲁菜系的雏形可以追溯到春秋战国时期，齐桓公的宠臣易牙就曾是以"善和五味"而著称的名厨。南北朝时，高阳太守贾思勰在其著作《齐民要术》中，对黄河中下游地区的烹饪术作了较系统的总结，不但详细阐述了煎、烧、炒、煮、烤、蒸、腌、腊、炖、糟等烹调方法，还记载了"烤鸭"、"烤乳猪"等名菜的制作方法，反映了当时鲁菜发展的高超技艺。唐代的段文昌，山东临淄人，穆宗时任宰相，精于饮食，并自编食经五十卷，成为历史掌故，而吴苞、崔浩、段成式、公都或等著名的烹饪高手或美食家，也为鲁菜的发展作出了重要贡献。到了宋代，宋都汴梁所称"北食"即鲁菜的别称，已形成了一定的规模。明清两代，鲁菜大量进入宫廷，成为御膳的珍品，并逐渐自成菜系，从齐鲁而京畿，从关内到关外，影响所及已达黄河流域、东北地带，有着广泛的饮食群众基础。

（三）鲁菜的特点

1. 鲁菜飘葱香

鲁菜善于以葱香调味，在菜肴烹制

过程中，不论是爆、炒、烧、熘，还是烹调汤汁，都以葱丝（或葱末）爆锅，就是蒸、扒、炸、烤等菜，也借助葱香提味，如烤鸡、烤乳猪、锅烧肘子、炸脂盖等，均以葱段为作料。

2. 烹制海鲜独到

在山东，海珍品和小海味的烹制堪称一绝，无论是参、翅、燕、贝，还是鳞、虾、蟹，经当地厨师妙手烹制，都可成为鲜美的佳肴。仅胶东沿海生长的比目鱼（当地俗称偏口鱼），运用多种刀工处理和不同技法，就可烹制成数十道美味佳肴，其色、香、味、形各具特色，百般变化于一鱼之中。以小海鲜烹制的油爆双花、红烧海螺、炸蛎黄以及用海珍品制作的蟹黄鱼翅、扒原壳鲍鱼、绣球干贝等，都是独具特色的海鲜珍品。

3. 精于制汤

汤有"清汤""奶汤"之别。《齐民要术》中就有制作清汤的记载，是味精产生

之前的提味作料。俗称"厨师的汤,唱戏的腔"。经过长期实践,现已演变为用肥鸡、肥鸭、肥肘子为主料,经沸煮、微煮、清哨,使汤清澈见底,味道鲜美,奶汤则成乳白色。用"清汤"和"奶汤"制作的数十种菜,多被列入高级宴席的珍馐美味。

4.庖厨烹技全面

鲁菜庖厨烹技全面,其中尤以"爆、炒、烧、塌"等最有特色。正如清代袁枚称:"滚油炮(爆)炒,加料起锅,以极脆为佳。此北人法也。"爆炒在瞬间完成,营养素保护好,食之清爽不腻;烧有红烧、白烧,著名的"九转大肠"是烧菜的代表;"塌"是山东独有的烹调方法,其主料要事先用调料腌渍入味或夹入馅心,再沾粉或挂糊,两面塌煎至金黄色,放入调料或清汤,以慢火熥尽汤汁。使之浸入主料,增加鲜味。山东广为流传的锅塌豆腐、锅塌菠菜等,都是久为人们所乐

道的传统名菜。

（四）鲁菜的派系

随着历史的演变和经济、文化、交通事业的发展，鲁菜系逐渐形成包括青岛在内，以福山帮为代表的胶东派，以及包括德州、泰安在内的齐鲁派两个流派，并有堪称"阳春白雪"的典雅华贵的孔府菜，还有星罗棋布的各种地方菜和风味小吃。

1. 齐鲁菜

齐鲁派以济南菜为代表，在山东北部、天津、河北盛行。泉城济南，自金、元以后便设为省治，济南的烹饪大师们，利用丰富的资源，全面继承传统技艺，广泛吸收外地经验，把东路福山、南路济宁、曲阜的烹调技艺融为一体，将当地的烹调技术推向精湛完美的境界。

　　齐鲁菜取料广泛,高自山珍海味,低至瓜、果、菜、蔬,就是极平常的蒲菜、芸豆、豆腐和畜禽内脏等,一经精心调制,即可成为脍炙人口的美味佳肴。济南菜讲究清香、鲜嫩、味纯,有"一菜一味,百菜不重"之称。齐鲁菜精于制汤,尤重制汤,清汤、奶汤的使用及熬制都有严格规定。济南的清汤、奶汤极为考究,独具一格。在济南菜中,用爆、炒、烧、炸、塌、扒等技法烹制的名菜就达二三百种之多。糖醋鲤鱼、宫保鸡丁(鲁系)、九转大肠、清汤什锦、奶汤蒲菜、南肠、玉记扒鸡、济南烤鸭等名菜家喻户晓,别具一格,而里嫩外焦的糖醋黄河鲤鱼、脆嫩爽口的油爆双脆、素菜之珍的锅塌豆腐,则显示了济南派的火候功力。济南著名的风味小吃有:锅贴、灌汤包、盘丝饼、糖酥煎饼、罗汉饼、金钱酥、清蒸蜜三刀、水饺等。德州菜也是齐鲁风味中重要的一支,代表菜有德州脱骨扒鸡。

2.胶东菜

胶东菜以烟台福山菜为代表，流行于胶东、辽东等地。胶东菜源于福山，距今已有百余年历史。福山地区作为烹饪之乡，曾涌现出许多名厨高手，通过他们的努力，使福山菜流传于省内外，并对鲁菜的传播和发展作出了贡献。胶东派以烹制各种海鲜而驰名，以烟台为代表，仅用海味制作的宴席，就有全鱼席、鱼翅席、海参席、海蟹席、小鲜席等，构成品类纷繁的海味菜单。其擅长爆、炸、扒、炒、煎、焖、熘、蒸，口味以鲜夺人，偏于清淡，讲究原汁原味和花色造型，选料则多为明虾、海螺、鲍鱼、蛎黄、海带等海鲜。

胶东派名菜有"扒原壳鲍鱼"，主料为长山列岛海珍鲍鱼，以鲁菜传统技法烹调，鲜美滑嫩，催人食欲。其他名菜还有蟹黄鱼翅、芙蓉干贝、肉末海参、香酥鸡、家常烧牙片鱼、崂山菇炖鸡、原壳鲍鱼、酸辣鱼丸、油爆海螺、大虾烧白菜、黄鱼炖豆腐、烧海参、烤大虾、炸蛎黄和清蒸加吉鱼等，特色小吃有烤鱿鱼、酱猪蹄、三鲜锅贴、白菜肉包、辣炒蛤蜊、海鲜卤面、排骨米饭、鲅鱼水饺、海菜凉粉、鸡汤馄饨等。

3. 孔府菜

孔府菜以曲阜菜为代表，流行于山东西南部和河南地区，和江苏菜系的徐州风味较近。孔府菜有"食不厌精，脍不厌细"的特色，其用料之精广、刀工之细腻，筵席之丰盛，其烹调程序之严格复杂可与过去宫廷御膳相比。口味讲究清淡鲜嫩、软烂香醇、原汁原味。对菜点制作精益求精，始终保持传统风味，是鲁菜中的佼佼者。原曾封闭在孔府内的孔府菜，如今也走向了市场，济南、北京都开办了"孔膳堂"。

孔府宴席用于接待贵宾、上任、生辰佳日、婚丧喜寿时特备。宴席遵照君臣

父子的等级，有不同的规格。第一等用于接待皇帝和钦差大臣的"满汉全席"，是以清代国宴的规格设置的，使用全套银餐具，上菜196道，全是山珍海味，熊掌、燕窝、鱼翅等，还有满族的"全羊带烧烤"。

孔府菜和江苏菜系中的淮扬风味并称为"国菜"，代表菜有：一品寿桃、翡翠虾环、海米珍珠笋、炸鸡扇、燕窝四大件、烤牌子、菊花虾包、一品豆腐、寿字鸭羹、拔丝金枣。"八仙过海闹罗汉"是孔府喜寿宴第一道菜，选用鱼翅、海参、鲍鱼、鱼骨、鱼肚、虾、芦笋、火腿为"八仙"，将鸡脯肉剁成泥，在碗底做成罗汉钱状，称为"罗汉"。制成后放在圆瓷罐里，摆成八方，中间放罗汉鸡，上撒火腿片、姜片及氽好的青菜叶，再将烧开的鸡汤浇上即成。旧时此菜上席即开锣唱戏，在品尝美味的同时听戏，热闹非凡，也奢侈至极。

(五) 鲁菜的代表菜

1. 糖醋黄河鲤鱼

活鱼任顾客选定，然后入厨，经热油炸熟，浇糖醋汁而成。造型生动，扬首翘尾，外焦里嫩，色泽红亮，香酥酸甜，咸鲜香醇，为鲁菜代表品种之一。

2. 九转大肠

清代光绪年间，济南九华林酒楼店主将猪大肠洗涮后，加香料开水煮至软酥取出，切成段后，加酱油、糖、香料等制成又香又肥的红烧大肠，闻名于市。后来在制作上又有所改进，将洗净的大肠入开水煮熟后，入油锅炸，再加入调味和香料烹制，此菜味道更鲜美。文人雅士根据其制作精细如道家"九炼金丹"一般，将其取名为"九转大肠"。此菜品色泽红润，软嫩鲜醇，五味俱全，肥而不腻。

3. 三不粘

以鸡蛋黄、绿豆粉、白糖为主料，清水

和匀，充分搅打，入油锅翻炒而成。色泽金黄，香甜不腻，软糯适口，以不黏盘、筷、牙齿得名。为孔府首创，后传入宫廷、京城。

4. 扒原壳鲍鱼

将鲍鱼空壳整齐仰置于鱼肉泥盘中蒸熟，放鲍鱼、冬笋、火腿等余片，淋芡汁，配鲜菜而成。造型美观，汤汁白亮，鲜嫩清爽。

5. 八仙过海闹罗汉

以鱼翅、鲍鱼、海参、鱼肚、鱼骨、虾仁、鸡脯、鳜鱼八料，经余、度、蒸、腌制熟，分放于同一锅内，正中放罗汉钱状鸡肉泥饼，稍蒸后浇套汤上席。为过去孔府举行喜庆筵席的首道主菜，此菜一入席，即可鸣锣演戏，因名为"闹"。其外观精美，用料高贵，烹调细腻，香醇味美。

6. 孔府一品锅

又名当朝一品锅，原指银质

点铜锡的双层大型餐具，呈四瓣桃圆形，盖钮为双桃状，盖上刻"当朝一品"四字，里外层之间可注入热水保温，系清乾隆帝御赐。该菜将鸡脯丝、鱼肚片、虾饼、海参片及其他配料，于套汤中度过，依次摆入一品锅内，覆以烧好的燕菜，浇套汤上席。

7. 一卵孵双凤

原名西瓜鸡，清代孔府内厨首创。西瓜去部分瓜瓤，利用其空间填入去骨雏鸡二只，放配料蒸熟。酥烂鲜醇，有西瓜香，为夏令大件清蒸菜。

8. 一品豆腐

整块嫩豆腐挖空，内填鸡肉、猪肉、海参、虾仁、鱼肚丁及调料为馅，烧炖成熟后，用火腿条摆一品两字。其味道鲜嫩清爽。

9. 清蒸加吉鱼

经清炖之后的加吉鱼，汤呈白色，汁清味浓，鱼肉鲜美，滋味醇厚。

二、川菜

（一）概述

　　川菜主要由重庆、成都及川北、川南的地方风味名特菜肴组成，它取材广泛，调味多变，菜式多样，口味清鲜醇浓并重，以善用麻辣著称，并以其别具一格的烹饪方法和浓郁的地方风味，融会了东南西北各方的特点，博采众家之长，善于吸收，善于创新，享誉中外。川菜在秦

末汉初就初具规模，唐宋时发展迅速，明清已富有名气，如今川菜馆遍布世界；从高级筵席"三蒸九扣"到大众便餐、民间小吃、家常风味等，且花式新颖，做工精细，菜品繁多，达四千余种，味型之多，居各大菜系之首。在国际上享有"食在中国，味在四川"的美誉。

四川古称巴蜀之地，号称"天府之国"，位于长江上游，气候温和，雨量充沛，群山环抱，江河纵横，盛产粮油，蔬菜瓜果四季不断，家畜家禽品种齐全，山岳深丘特产熊、鹿、獐、狍、银耳、虫草、竹笋等山珍野味，江河湖泊又有江团、雅鱼、岩鲤、中华鲟。优越的自然环境，丰富的特产资源，都为四川菜的形成与发展提供了有利条件。

川菜是以成都、重庆两个地方菜为代表，选料讲究，规格划一，分色配菜层次分明，鲜明协调。其特点是突出麻、辣、香、鲜、油重、味浓，以胡椒、花椒、辣椒、豆瓣酱等为主要调味品，不同的配比，化出了麻辣、酸辣、椒麻、荔枝、麻酱、蒜泥、芥末、红油、糖醋、鱼香、怪味等各种复合味型，无不厚实醇浓，具有"一菜一格"、"百菜百味"的特殊风味，各式菜点无不脍炙人口。

在烹调方法上，川菜擅长炒、滑、熘、爆、煸、炸、煮、煨等近四十种，尤为小煎、小炒、干煸和干烧有其独到之处。在口味上特别讲究色、香、味、形，兼有南北之长，以味的多、广、厚著称。川菜有"七滋八味"之说，"七滋"指甜、酸、麻、辣、苦、香、咸；"八味"即是鱼香、酸辣、椒麻、怪味、麻辣、红油、姜汁、家常。川菜代表菜有干烧岩鲤、干烧鳜鱼、鱼香肉丝、怪味鸡、宫保鸡丁、粉蒸牛肉、麻婆豆腐、毛肚火锅、樟茶鸭子、干煸牛肉丝、夫妻肺片、灯影牛肉、担担面、赖汤圆、龙抄手等。川菜中五大名菜是：鱼香肉丝、宫保鸡丁、夫妻肺片、麻婆豆腐、

回锅肉等。

（二）川菜的形成

四川既然称"天府之国"，烹饪原料当然是多而广的。四川境内，沃野千里，江河纵横，物产富庶。牛、羊、猪、狗、鸡、鸭、鹅、兔，可谓六畜兴旺，笋、韭、芹、藕、菠、蕹，堪称四季常青，淡水鱼有很多佳品，江团、岩鲤、雅鱼、长江鲟，以四川产的为珍。即便是一些干杂品，如通江、万源的银耳，宜宾、乐山、涪陵、凉山等地出产的竹笋，青川、广元等地出产的黑木耳，宜宾、万县、涪陵、达川等地出产的香菇，四川多数地方都产的魔芋，均为佼佼者。就连石耳、地耳、绿菜、侧耳根、马齿苋这些生长在田边地头、深山河谷中的野蔌之品，也成为做川菜的好材料。还有作为中药冬虫夏草、川贝母、川杜仲、天麻，亦被作为养生食疗的烹饪原料。四川人饮食特别讲究滋味，因此，很注意培养优良的种植调味品和生产、酿造高质量的调味品。自贡井盐、内江白糖、阆中保宁醋、中坝酱油、郫县豆瓣、清溪花椒、永川豆豉、涪陵榨菜、叙府芽菜、南充冬菜、新繁泡菜、忠州豆腐乳、温江独头蒜、北碚莴姜、成都二金条海椒等等，都是品质优异者。川菜在形成和发展完善过程中，还受到一些因素影响，诸如四川有尚滋味的饮食传统习俗，有热心饮食之士的烹饪研究，有民族的口味融合，有善于吸收各方面烹饪精华的"拿来主义"精神，等等。

川菜亦是历史悠久，其发源地是古代的巴国和蜀国。据《华阳国志》记载，巴国"土植五谷，牲具六畜"，并出产鱼盐和茶蜜；蜀国则"山林泽鱼，园囿瓜果，四代节熟，靡不有焉"。当时巴国和蜀国的调味品已有卤水、岩盐、川椒、"阳朴之姜"。在战国时期墓地出土文物中，已有各种青铜器和陶器食具，川菜的萌芽可见一斑。川菜系的形成，大致在秦始皇统一中国到三国鼎立之间。当时四川政治、经济、文化中心逐渐移向成都。无论烹饪原料的取材，还是调味品的使用，以及刀工、火候的要求和专业烹饪水平，均已初具规模，已有菜系的雏形。

隋唐五代，川菜有较大的发展。两宋时，川菜已跨越了巴蜀疆界，进入北宋东京、南宋临安两都，为川外人所知。明末清初，川菜运用引进种植的辣椒调味，对继承巴蜀早就形成的"尚滋味""好辛香"的调味传统，进一步有所发展。清乾隆年间，四川罗江著名文人李调元在其《函海·醒园录》中就系统地搜集了川菜的38种烹调方法，如炒、滑、爆、煸、熘、炝、炸、煮、烫、糁、煎、蒙、贴、酿、卷、蒸、烧、焖、炖、摊、煨、烩、淖、烤、烘、粘、汆、糟、醉、冲等，以及冷菜类的拌、卤、熏、腌、腊、冻、酱等。晚清以后，逐

步形成为一个地方风味极其浓郁的体系，与黄河流域的鲁菜、岭南地区的粤菜、长江下游的淮扬菜同列。

（三）川菜的特点

川菜以用料广博、味道多样、菜肴适应面广而著称，其中尤以味型多、变化巧妙而闻名。"味在四川"，是世人所公认的。

1. 麻辣见长

川菜因地理环境、风俗习惯而以麻辣为主。辣椒与其他辣味料合用或分别使用，就出现了干香辣（用干辣椒）、酥香辣（糊辣壳）、油香辣（胡椒）、芳香辣（葱姜蒜）、甜香辣（配圆葱或藠头）、酱香辣（郫县豆瓣或元红豆瓣）等十种不同辣味。四川常用的味型如口感咸鲜微辣的家常味型，咸甜辣香辛兼有的鱼香味型，甜咸酸辣香鲜各味十分和谐的怪味

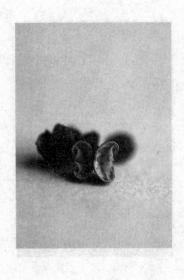

型，以及表现不同层次麻辣的红油味型、麻辣味型、酸辣味型、糊辣味型、陈皮味型、椒麻味型、椒盐味型、芥末味型、蒜泥味型、姜汁味型，使辣味调料发挥了各自的长处，辣出了风韵。

2. 注重调味

川菜调味品复杂多样，有特点，讲究川料川味，调味品多用辣椒、花椒、胡椒、香糟、豆瓣酱、葱、姜、蒜等。同时，以多层次、递增式调味方法见长，因而味型多，以麻辣、鱼香、怪味、酸辣、椒麻等味型独擅其长。

3. 烹调手法

川菜受到人们的喜爱和推崇，是与其讲究烹饪技术、制作工艺精细、操作要求严格分不开的。川菜品种丰富，拥有四千多个菜肴点心品种，由筵席菜、便餐菜、家常菜、三蒸九扣菜、风味小吃五大类组成的。众多的川菜品种，是用多种烹饪方法制作出来的。烹调手法上擅长炒、滑、熘、爆、煸、炸、煮、煨等,尤为小煎、小炒、干煸和干烧有其独到之处。小炒之法,不过油,不换锅,临时对汁,急为短炒,一锅成菜,菜肴起锅装盘,顿时香味四溢。干煸之法,用中火热油,将丝状原料不断翻拨煸炒,使之脱水、成熟、干香。干烧之法,用中火慢烧,使有浓厚味道的汤汁渗透于原料之中,自然成汁,醇浓厚味。

4. 复合味型川菜

家常味型:以川盐、郫县豆瓣、酱油、料酒、味精、胡椒面调成。特点是咸鲜微辣。如生爆盐煎肉、家常臊子海参、家常臊子牛筋、家常豆腐等。

麻辣味型:用川盐、郫县豆瓣、干红辣椒、花椒、干辣椒面、豆豉、酱油等调制。特点是麻辣咸鲜。如麻婆豆腐、水煮牛肉、干煸牛

肉丝、麻辣牛肉丝等。

糊辣味型：以川盐、酱油、干红辣椒、花椒、姜、蒜、葱为调料制作。特点是香辣，以咸鲜为主，略带甜酸。如宫保鸡丁、宫保虾仁、宫保扇贝、拌糊辣肉片等。

咸鲜味型：主要以川盐和味精调制，突出鲜味，咸味适度，咸鲜清淡。如鲜蘑菜心、白汁鲤鱼、黄烧鱼翅、鲜溜鸡丝、雪花凤淖、鲜熘肉片等。

姜汁味型：用川盐、酱油、姜末、香油、味精调制。特点是咸鲜清淡，姜汁味浓。如姜汁仔鸡、姜汁鲜鱼、姜汁鱼丝、姜汁鸭掌、姜汁菠菜等。

酸辣味型：以川盐、酱油、醋、胡椒面、味精、香油为调料。特点是酸辣咸鲜，醋香味浓。如辣子鸡条、辣子鱼块、炝黄瓜条等。

鱼香味型：用川盐、酱油、糖、醋、泡辣椒、姜、葱、蒜调制。特点是咸辣酸甜，

具有川菜独特的鱼香味。如鱼香肉丝、鱼香大虾、过江鱼香煎饼、鱼香前花、鱼香酥凤片、鱼香凤脯丝、鱼香鸭方等。

椒麻味型：主要以川盐、酱油、味精、花椒、葱叶、香油调制。特点是咸鲜味麻，葱香味浓。一般为冷菜，如椒麻鸡片、椒麻鸭掌、椒麻鱼片等。

怪味型：主要以酱油、白糖、醋、红油辣椒、花椒面、芝麻酱、熟芝麻、味精、胡椒面、姜、葱、蒜、香油等调制。特点是各味兼备，麻辣味长。一般为冷菜，如怪味鸡丝、怪味鸭片、怪味鱼片、怪味虾片、怪味青笋等。

（四）川菜的派系

1. 上河帮

又称蓉派，以成都和乐山菜为主，其特点是小吃，亲民为主，比较清淡，传统菜品较多。蓉派川菜讲求用料精细准确，

严格以传统经典菜谱为准，其味温和，绵香悠长。通常颇具典故。其著名菜品有麻婆豆腐、回锅肉、宫保鸡丁、盐烧白、夫妻肺片、蚂蚁上树、灯影牛肉、蒜泥白肉、樟茶鸭子、白油豆腐、鱼香肉丝、东坡墨鱼、清蒸江团等。"东坡墨鱼"是四川乐山一道与北宋大文豪苏东坡有关的风味佳肴。相传苏东坡去凌云寺读书时，常去凌云岩下洗砚，江中之鱼食其墨汁，皮色浓黑如墨，人们称之为"东坡墨鱼"，和江团、肥浣并称为"川江三大名鱼"。

2. 下河帮

又称渝派，以重庆和达州菜为主，其特点是家常菜，亲民，比较麻辣，多创新。渝派川菜大方粗犷，以花样翻新迅速、用料大胆、不拘泥于材料著称，俗称江湖菜。大多起源于市民家庭厨房或路边小店，并逐渐在市民中流传。其代表作有酸菜鱼、毛血旺、口水鸡、干菜炖烧系列（多以干豇豆为主），水煮肉片和水煮鱼为代表的水煮系列, 辣子鸡、辣子田螺和辣子肥肠为代表的辣子系列等。

3. 小河帮

又称盐帮菜, 以自贡和内江为主, 其特点是大气、怪异、高端。一般认为蓉派川菜是传统川菜, 渝派川菜是新式川菜。以做回锅肉为例, 蓉派做法中材料必为三线肉(五花肉上半部分)、青蒜苗、郫县豆瓣酱以及甜面酱, 缺一不可; 而渝派做法则不然, 各种带皮猪肉均可使用, 青蒜苗亦可用其他蔬菜代替, 甜面酱可用蔗糖代替。而具体烩制手法两派基本相似, 不同之处在于蓉派沿袭传统, 渝派推陈出新。

(五) 川菜的代表菜

1. 夫妻肺片

相传在20世纪30年代, 成都郭朝华夫妻沿街设摊以出售肺片为业, 因制作精细, 风味独特而为群众所喜食,"夫妻肺片"因此得名。以后发展为设店经营, 用料以肉、心、舌、肚、头、皮等代替最初的肺, 质量更为出色, 已成为四川的著名菜肴之一, 其特点是口味麻辣浓香。

2. 干烧鱼

干烧鱼是川菜风味较浓的一个菜, 它颜色红亮、味道咸鲜带辣回甜, 是鱼类菜的佼佼者。一般在烹制鱼类菜肴时, 如豆瓣鱼、红烧鱼等, 鱼成熟装盘后, 锅中的汤汁要适量勾入水淀粉, 使汁收稠, 淋在鱼上, 达到汁浓味厚的目的。而干烧鱼则不同, 鱼烧熟装盘后, 锅中的鱼汁不用水淀粉收稠, 而是把汁继续熬煮, 待水分将干, 余油吐出时, 离火, 将汁浇在鱼上, 使鱼的口味更加浓厚, 这种方法称"自然收稠",

这就是干烧鱼与其他鱼类菜肴烹制时的不同点。

3. 水煮肉片

是以瘦猪肉、鸡蛋为主料,用植物油烹制的辣味肉菜,不仅可以增进食欲,还可以补充优质蛋白质和必需脂肪酸、维生素、铁等营养素。值得一提的是,这种肉的制作方法,肉片需挂糊再烹制,既可以保持肉质的鲜嫩,又使人容易消化,整个过程中又没有经过长时间高温油炸,避免了致癌物质的产生,是一种比较科学的肉类烹制方法。

4. 鱼香肉丝

色泽金红,入口滑嫩,酸甜辣咸一应俱全。此菜虽为四川民间家常菜,但流传甚广。

5. 东坡肘子

汤汁乳白,雪豆粉白,猪肘烂软适口,原汁原味,香气四溢。

三、粤菜

（一）概述

广东菜，简称粤菜，是我国八大菜系之一，有"食在广州"的美誉，以特有的菜式和韵味，独树一帜，在国内外享有盛誉。广东地处亚热带，濒临南海，四季常青，物产丰富，山珍海味无所不有，蔬果时鲜四季不同，清人竹枝词曰："响螺脆不及蚝鲜，最好嘉鱼二月天。冬至鱼生夏

至狗，一年佳味几登筵。"把广东丰富多样的烹饪资源淋漓尽致地描绘了出来。粤菜历史悠久，西汉时就有粤菜的记载，明清发展迅速，20世纪随着对外通商，吸取西餐的某些特长，粤菜也推向世界。

粤菜用料广泛，选料精细，技艺精良，花色繁多，形态新颖，善于变化，一般夏秋力求清淡，冬春偏重浓醇。粤菜系在烹调上以炒、爆为主，兼有烩、煎、烤，讲究鲜、嫩、爽、滑，清而不淡，鲜而不俗，脆嫩不生，油而不腻。曾有"五滋六味"之说。"五滋"即香、松、臭、肥、浓，"六味"是酸、甜、苦、辣、咸、鲜，同时注意色、香、味、形。许多广东点心是用烘箱烤出来的，带有西菜的特点。

粤菜集南海、番禺、东莞、顺德、中山等地方风味的特色，兼京、苏、扬、杭等外省菜以及西菜之所长，融会贯通，自成一家。粤菜取百家之长，用料广博，选料珍奇，配料精巧，善于在模仿中创新，依食客喜好而烹制。粤菜烹调方法中的泡、扒、烤、川是从北方菜的爆、扒、烤、氽移植而来。而煎、炸的新法是吸取西菜同类方法改进之后形成的。但粤菜的移植，并不生搬硬套，乃是结合广东原料广博、质地鲜嫩，人们口味喜欢清鲜常新的特点，加以发展，触类旁通。如北方菜的扒，通常是将原料调味后，烤至酥烂，推芡打明油上碟，称为清扒。而粤菜的扒，却是将原料煲或蒸至腻，然后推阔芡扒上，表现多为有料扒，代表作有八珍扒大鸭、鸡丝扒肉脯等。

粤菜以广州、潮州、东江三种地方菜为主。广州菜配料多，善于变化，讲究鲜、嫩、爽、滑，一般是夏秋力求清淡，冬春偏重浓醇，尤其擅长小炒，要求掌握火候，油温恰到好处。潮州菜以烹制海鲜见长，更以汤菜最具特色，刀工精巧，口味清纯，注意保持主料原有的鲜味。东江菜主料突出，朴实大方，有独特的乡土风味。

粤菜尤以烹制蛇、狸、猫、狗、猴、鼠等野生动物而负盛名，著名的菜肴有：烤乳猪、文昌鸡、白灼虾、龙虎斗、太爷鸡、香芋扣肉、红烧大裙翅、黄埔炒蛋、炖禾虫、狗肉煲、五彩炒蛇丝、菊花龙虎凤蛇羹、龙虎斗、脆皮乳猪、咕噜肉、大良炒鲜奶、潮州火筒炖鲍翅、蚝油牛柳、冬瓜盅、文昌鸡等。粤菜有"三绝"说：炆狗，选"砧板头、陈皮耳、筷子脚、辣椒尾"形的精壮之狗，加上调料烹制，食时配上生菜、塘蒿、生蒜，佐以柠檬叶丝或紫苏叶，使之清香四溢；雀指的是"禾花雀"，此雀肉嫩骨细，味道鲜美；烩蛇羹，俗称"龙虎斗"，是用眼镜蛇、金环蛇等配以老猫和小母鸡精心烩制而成的佳肴，因蛇似龙，猫类虎，鸡肖凤，故又名"龙虎凤大烩"。此外，广东点心是中国面点三大特色之一，历史悠久，品种繁多，五光十色，造型精美且口味新颖，别具特色。

（二）粤菜的形成

粤菜的形成和发展与广东的地理环境、经济条件和风俗习惯密切相关。广东地处亚热带，一直是中国的南方大门，濒临南海，雨量充沛，四季常青，物产丰富，山珍海味无所不有，蔬果时鲜四季不同，境内高山平原鳞次栉比，江河湖泊纵横交错，气候温和，动、植物类的食品资源极为丰富。故广东的饮食，一向得天独厚。

早在西汉《淮南子·精神篇》就有"越人得蚺蛇以为上肴"的记载，说明粤菜选料的精细和广泛，可以想见千余年前的广东人已经对用不同烹调方法烹制不同的异味已游刃有余。到南宋时，粤人"不问鸟兽蛇，无不食之"，章鱼等海味已是许多地方的上品佳肴。至此，粤菜作为一个菜系已初具雏形，"南烹"之名见于典籍。到了晚清，广州已成为中国南方最大的经济重镇，更加速了南北风味大交流。京都风味、姑苏风味等与广东菜各地方风味特色互相影响和渗透促进，烹饪大师们不断吸收、积累各种烹调技术，并根据本地环境、民俗、口味、嗜好加以改良创造，使粤菜得以迅猛发展，在闽、台、琼、桂诸方占有主要阵地。正因为粤菜善于博采众长，融会贯通，鸦片战争后，相继传入的西餐烹调技艺也给粤菜留下了鲜明的中西合璧的烙印。

（三）粤菜的特点

1. 选料广泛、广博奇异

粤菜选料广博奇特，选料精细，配合四时更替，四季时令菜肴重在色、香、清、鲜。品种花样繁多，令人眼花缭乱，"不问鸟兽虫蛇，无不食之"。天上飞的，地上爬的，水中游的，几乎都能上席。鹧鸪、禾花雀、豹狸、果子狸、穿山甲、海狗鱼等飞

禽野味自不必说；猫、狗、蛇、鼠、猴、龟，甚至不识者误认为"蚂蝗"的禾虫，亦在烹制之列，而且一经厨师之手，顿时就变成异品奇珍、美味佳肴，每令食者击节赞赏，叹为"异品奇珍"。

2. 刀工操作精细，口味偏清淡

刀工干练以生猛海鲜类的活杀活宰见长，技法上注重朴实自然，不像其他菜系刀工细腻，常用的有熬、煲、蒸、炖、扣、炒、泡、扒、炸、煎、浸、滚、烩、烧、卤等，并且注重质和味，口味比较清淡，力求清中求鲜、淡中求美，同时随季节时令的变化而变化，夏秋偏重清淡，冬春偏重浓郁，追求色、香、味、型。食味讲究清、鲜、嫩、爽、滑、香；同时，调味遍及香、松、脆、肥、浓五滋和酸、甜、苦、辣、咸、鲜六味，具有浓厚的南国风味。粤菜的调味品多用老抽、柠檬汁、豉汁、蚝油、海鲜酱、沙茶酱、鱼露、栗子粉、吉士粉、嫩肉粉、生粉、黄油等，这些都是其他菜系不用或少用的调料。

3.博采众长，勇于创新

粤菜用量精而细，配料多而巧，装饰美而艳，而且善于在模仿中创新，品种繁多。烹调方法许多源于北方或西洋，经不断改进而形成了一整套不同于其他菜系的烹调体系。粤菜是由中外饮食文化融合，并结合地域气候特点不断创新而成的。历史上几次北方移民到岭南，把北方菜系的烹饪方法传到广东。清末以来，广东的开放也使得饮食上渗透了西方饮食文化的成分。粤菜的烹调方法有三十多种，其中的泡、扒是从北方的爆、扒移植来的，焗、煎、炸则是从西餐中借鉴。广东人思想开放，不拘教条，一向善于模仿创新，因此在菜式和点心研制上，富于变化，标新立异；制作精良，品种丰富。

(四) 粤菜的派系

粤菜系由广州菜、潮州菜、东江菜三种地方风味组成，以广州菜为代表。

1. 广州菜

广州菜以广州为中心，集南海、番禺、东莞、顺德、中山等地方风味的特色，主要流行于广东中西部、广西东部、香港、澳门。地域最广，用料庞杂，选料精细，技艺精良，善于变化，风味讲究，清而不淡，鲜而不俗，嫩而不生，油而不腻，擅长小炒，要求掌握火候和油温恰到好处。广州菜尤其有喜爱杂食的癖好。外地人对"鸟鼠蛇虫"皆闻"食"而色变，广州菜却奉为"佳肴"。俗语说："宁食天上四两，不食地上半斤。"可知粤人对飞禽之崇尚。所以，鹧鸪、蚬鸭、乳鸽等无不列入菜谱之中。代表菜品有龙虎斗、白灼虾、烤乳猪、香芋扣肉、黄埔炒蛋、炖禾虫、狗肉煲、五彩炒蛇丝等名菜。

2. 东江菜

东江菜又称客家菜，流行于广东、江西和福建的客家地区，和闽菜系中的闽西风味较近。客家人原是中原人，在汉末和北宋后期因避战乱南迁，聚居在广东东江一带。其语言、风俗尚保留中原固有的风貌，菜品多用肉类，极少用水产，主料突出，讲究香浓，下油重，味偏咸，以砂锅菜见长，有独特的乡土风味。东江菜烹制主料突出，讲究香浓；注重火功，造型古朴，以炖、烤、焗见称，尤以砂锅菜和"酿"制技艺擅长。口味偏重香、浓、鲜、甜。喜用鱼露、沙茶酱、梅羔酱、姜酒等调味品，甜菜较多，款式百种以上，都是粗料细作，香甜可口。代表品种有烧雁鹅、豆酱鸡、护国菜、什锦乌石参、葱姜炒蟹、干炸虾枣等，都是潮州特色名菜，流传岭南地区及海内外。

3. 潮州菜

潮州菜主要流行于潮汕地区，因语

言和习俗而与闽南相近。隶属广东之后，又受珠江三角洲的影响，故潮州菜接近闽、粤，汇两家之长，自成一派。得天独厚的资源造就了潮菜以烹制海鲜见长。其独特之处在于选料鲜活，清鲜爽口，郁而不腻。盘菜讲究急汤，汤菜保持原汁原味。潮菜的烹调法有炆、炖、煎、炸、炊、泡、烧、扣、淋、烤等十多种，以炆、炖见长；技艺精细，注重拼砌和彩盘点缀；爱用鱼露、豆酱、沙茶酱、梅羔酱、红醋等调味品。

（五）粤菜的代表菜

1.白切鸡

此菜由来已久，在《随园食单》鸡菜中被列为首位。粤菜厨坛中有句行话，叫"无鸡不成席"，用鸡烹制的菜式丰富。在筵席上，"白切鸡"往往被首选，其魅力可见一斑。鸡皮爽脆，肉软嫩而清鲜；以姜泥、葱丝佐食，滋味尤美。

2. 蚝油牛肉

广州名菜，制法简便，历久不衰。蚝味鲜浓，肉质软滑。如加入青菜煸炒，菜翠肉红，色泽鲜明。

3. 香滑鲈鱼球

为粤菜"十大海鲜"之一。以珠江三角洲所产新鲜鲈鱼加调味料，炒至八九成熟，迅速端出，浇以热油，继续加温，至熟透。此菜讲究火候、油温，色泽洁白，芡汁明亮，清爽鲜美。

4. 干煎虾碌

粤菜"十大海鲜"之一，四季适宜。肉质鲜爽，外皮焦香，红艳明亮，滋味甚美。

5. 明炉啤酒花雀

禾花雀是候鸟，每年中秋前后飞临珠江三角洲，其时肉质肥嫩，成为粤

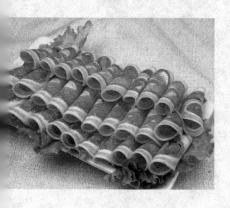

人捕食的佳品。传统以焗酿禾花雀著名，现则花样众多。此制法简便，风味也佳，为现代人崇尚。金黄亮泽，浓郁中带有啤酒麦芽的香味。

6. 沙茶涮牛肉

与涮羊肉媲美，是潮汕人冬春喜爱的食品。肉薄而嫩，生菜爽口，有沙茶的滋味。

7. 东江盐焗鸡

传统风味，四季皆宜。有三种制法：用炒熟的盐将鸡焗熟；用盐蒸汽焗熟；用盐水滚熟。色微黄、皮爽肉滑，骨香味浓。

8. 菊花龙虎凤

蛇、猫、鸡三种肉丝，拌冬菇、甜枣烹制而成。其味甘美，有滋补健肾之功效。

9. 七彩鹿肉丝

肥嫩梅花鹿腿部的枚肉，切成丝，配以鲜笋、鲜菇等丝制成。爽滑细嫩，气香味美，有暖身壮气，滋补养颜之功效。

四、闽菜

（一）概述

闽菜是福建菜的简称，起源于福建省闽侯县。它是以福州、泉州、厦门等地的菜肴为代表发展起来的。由于福建地处东南沿海，盛产多种海鲜，如海鳗、蛏子、鱿鱼、黄鱼、海参等，因此，多以海鲜为原料烹制各式菜肴，别具风味。闽菜的风格特色是：淡雅、鲜嫩、和醇、隽永，作为中国烹饪主要菜系之一，在中国烹饪文化宝库中占有重要一席。

闽菜长于烹饪海鲜，味道注重清鲜、酸、甜、咸、香，在宴席中最后一道菜一般都是时令青菜，取"清菜"之意。在色、香、味、形兼顾的基础上，尤以香、味见长。其清新、和醇、荤香、不腻的风味特色，在中国饮食文化中独树一帜。闽南菜除新鲜、淡爽的特色外，还以讲究用料，善用甜辣著称。最常用的作料有辣椒酱、沙茶酱、芥末酱等。其名菜有"沙茶焖鸭块""芥辣鸡丝""东璧龙珠"等均具风味。闽系菜偏咸、辣，多以山区特有的奇珍异味为原料，如"油焖石鳞""爆炒地猴"等，有浓郁的山乡色彩，饶有风味。

闽菜系历来以选料精细，刀工严谨，讲究火候、调汤、作料，和以味取胜而著称。其烹饪技艺，有四个鲜明的特征，一是采用细致入微的片、切、剞等刀法，使不同质地的原料，达到入味透彻的效果。

故闽菜的刀工有"剞花如荔，切丝如发，片薄如纸"的美誉。如凉拌菜肴"萝卜蜇"，将薄薄的海蜇皮，每张分别切成2—3片，复切成极细的丝，再与同样粗细的萝卜丝合并烹制，凉后拌上调料上桌。此菜刀工精湛，海蜇与萝卜丝交融在一起，食之脆嫩爽口，兴味盎然。烹调方法不局限于熘、爆、炸、焖、氽，尤以炒、爆、煨等技术著称。

著名的菜肴有佛跳墙、醉糟鸡、酸辣烂鱿鱼、烧片糟鸡、太极明虾、清蒸加力鱼、荔枝肉等。"佛跳墙"是闽菜中最著名的古典名菜，相传始于清道光年间。百余年来，一直驰名中外，成为中国最著名的特色菜之一。"东璧龙珠"是一道取用地方特产烹制的特殊风味名菜。福建泉州名刹开元寺中有几棵龙眼树，相传已有千余年历史；树上所结龙眼，是稀有品种

"东壁龙眼"，其壳薄核小，肉厚而脆，甘洌清香，有特殊风味，享誉国内外。

（二）闽菜的形成

福建位于我国东南隅，东际大海，西北负山，终年气候温和，雨量充沛，四季如春。其山区地带林木参天，翠竹遍野，溪流江河纵横交错；沿海地区海岸线漫长，浅海滩辽阔。地理条件优越，山珍海味富饶，为闽菜系提供了得天独厚的烹饪资源。这里四处盛产稻米、蔗糖、蔬菜、

瓜果，尤以龙眼、荔枝、柑橘等佳果誉满中外。山林溪涧有闻名全国的茶叶、香菇、竹笋、莲子、薏仁米，以及麂、雉、鹧鸪、河鳗、石鳞等山珍美味；沿海地区则鱼、虾、螺、蚌、鲟、蚝等海产佳品丰富，常年不绝。据明代万历年间的统计资料，当时当地的海、水产品计270多种，而现代专家的统计则有750余种。清代编纂的《福建通志》中有"茶笋山木之饶遍天下"，"鱼盐蜃蛤匹富青齐"的记载。福建人民利用这些得天独厚的资源，烹制出珍馐佳肴，并逐步形成了别具一格的闽菜。

（三）闽菜的特点

1. 原料以海鲜和山珍为主

由于福建的地理形势依山傍海，北部多山，南部面海。苍茫的山区，盛产菇、笋、银耳、莲子和石鳞、河鳗、甲鱼等山珍野味；漫长的浅海滩涂，鱼、虾、蚌、鲟等海鲜佳品，常年不绝。平原丘陵地带则稻米、蔗糖、蔬菜、水果誉满中外。山海赐给的神品，给闽菜提供了丰富的原料资源，也造就了几代名厨和广大从事烹饪的劳动者，他们以擅长制作海鲜原料，并在蒸、氽、炒、煨、爆、炸等方面独具特色。

2. 调味奇异，别具一格

闽菜的烹调细腻表现在选料精细、泡发恰当、调味精确、制汤考究、火候适当等方面，在餐具上，闽菜习用大、中、小盖碗，十分细腻雅致。闽菜特别注意调味则表现在力求保持原汁原味上。善用糖，甜去腥膻；巧用醋，酸能爽口，味清淡则可保持原味。因而有甜而不腻，酸而不峻而不薄的盛名。闽菜偏甜、偏酸、偏淡，这与福建有丰富多彩的作料以及其烹饪原料多用山珍海味有关。闽菜名肴荔枝肉、甜酸竹节肉、葱烧酥鲫等均能恰到好处地体现这一特征。

3. 刀工巧妙，一切服从于味

闽菜注重刀工，有"片薄如纸，切丝如发，剞花加荔"之美称。而且一切刀均围绕着"味"下工夫，使原料通过刀工的技法，更体现出原料的本味和质地。它反对华而不实，矫揉造作，提倡原料的自然美并达到滋味沁深融透，成型自然大方、火候表里如一的效果。"雀巢香螺片"就是典型的一菜，它通过刀工处理和恰当的火候使菜肴犹如盛开的牡丹花，让人赏心悦目又脆嫩可口。

4. 汤菜居多，变化无穷

闽菜多汤由来已久，这与福建有丰富的海产资源密切相关。闽菜始终将质鲜、味纯、滋补联系在一起，而在各种烹调方法中，汤菜最能体现原汁原味，本色本味。故闽菜多汤，目的在于此。闽菜的"多汤"，是指汤菜多，而且通过精选各种辅料加以调制，使不同原料固有的膻、苦、涩、腥等味得以摒除，从而又使不同质量的菜肴，经调汤后味道各具特色，有的白如奶汁，甜润爽口；有的汤清如水，色鲜味美；有的金黄澄透，馥郁芳香；有的汤稠色酽，味厚香浓，因而有"一汤变十"之说。

（四）闽菜的派系

闽菜经历了中原汉族文化和当地古越族文化的混合、交流而逐渐形成。闽菜是以闽东、闽南、闽西、闽北、闽中、莆仙地方风味菜为主形成的菜系，以闽东和闽南风味为代表。

1. 闽东风味

以福州菜为代表，主要流行于闽东地区。福州菜清鲜、淡爽，偏于甜酸。讲究调汤，汤鲜、味美，多种多样，予人"百汤百味"和"糟香扑鼻"之感。调味上善用糟，有煎糟、红糟、拉糟、醉糟等多种烹调方法。闽东菜有"福州菜飘香四海，食

文化千古流传"之称。选料精细，刀工严谨；讲究火候，注重调汤；喜用作料，口味多变。闽东菜的调味，偏于甜、酸、淡，喜加糖醋，如比较有名的荔枝肉、醉排骨等菜，都是酸酸甜甜的。这种饮食习惯与烹调原料多取自山珍海味有关。善用糖，用甜去腥腻；巧用醋，酸甜可口；味偏清淡，则可保持原汁原味，并且以甜而不腻，酸而不峻，淡而不薄而享有盛名。五大代表菜：佛跳墙、鸡汤氽海蚌、淡糟香螺片、荔枝肉、醉糟鸡。五碗代表：太极芋泥、锅边糊、肉丸、鱼丸、扁肉燕。

2. 闽北风味

以南平菜为代表，主要流行于闽北地区。闽北特产丰富，历史悠久，是个盛产美食的地方，丰富的山林资源，加上湿润的亚热带气候，为闽北盛产各种山珍提供了充足的条件。香菇、红菇、竹笋、建莲、薏米等地方特产以及野兔、野山羊、麂子、蛇等野味都是美食的上等原料。主

要代表菜有八卦宴、文公菜、幔亭宴、蛇宴、茶宴、涮兔肉、熏鹅、鲤干、龙凤汤、食抓糍、冬笋炒底、菊花鱼、双钱蛋菇、茄汁鸡肉、建瓯板鸭、峡阳桂花糕等。

3. 闽南风味

以厦门菜为代表，主要流行于闽南、台湾地区，和广东菜系中的潮汕风味较近。其菜肴具有鲜醇、香嫩、清淡的特色，并且以讲究调料，善用香辣而著称，在使用沙茶、芥末以及药物、佳果等方面均有独到之处。闽南菜讲究作料，长于使用辣椒酱、沙茶酱、芥末酱等调料。闽南菜的代表有海鲜、药膳和南普陀素菜。闽南药膳最大的特色就是以海鲜制作药膳，利用本地特殊的自然条件、根据时令的变化烹制出色、香、味、形俱全的食补佳肴。

4. 闽西风味

闽西风味又称长汀风味。以龙岩菜为代表，主要流行于闽西地区，和广东菜系的客家风味较近。具有鲜润、浓香、醇厚的特色,以烹制山珍野味见长,略偏咸、油,在使用香辣方面更为突出。闽西位于粤、闽、赣三省交界处,以客家菜为主体,多以山区特有的奇味异品作原料,有浓厚山乡、多汤、清淡、滋补的特点。代表菜有薯芋类的,如绵软可口的芋子饺、芋子包、炸雪薯、煎薯饼、炸薯丸、芋子糕等;野菜类的有:白头翁汤、苎叶汤、苦斋汤、炒马齿苋、炒木槿花等;瓜豆类的有:冬瓜煲、酿苦瓜、脆黄瓜、南瓜汤、炒苦瓜、酿青椒等。

5. 闽中风味

以三明、沙县菜为代表,主要流行于闽中地区。闽中菜以其风味独特、做工精细、品种繁多和经济实惠而著称,小吃居多。其中最有名的是沙县小吃。沙县小吃共有162个品种,常年上市的有47多种,形成馄饨系列、豆腐系列、烧卖系列、芋头系列、牛杂系列,其代表有烧卖、馄饨、夏

茂芋饺、泥鳅粉干、鱼丸、真心豆腐丸、米冻皮与米冻糕。

6. 莆仙风味

以莆田菜为代表,主要流行于莆仙地区。莆仙菜以乡野气息为特色,主要代表有五花肉滑、炒泗粉、白切羊肉、焖豆腐、回力草炖猪脚、土笋冻、莆田(兴化)米粉、莆田(江口)卤面、酸辣鱿鱼汤。

(五)闽菜的代表菜

1. 佛跳墙

是将鸡、鸭、鱼、海参等原料用文火煮沸后装入酒坛,加入鲜汤,密封坛口,

文火烘煨，等鲜汤收汁时揭开封口，再加进鸡汤及调味作料，重新密封烘煨而制成煲类菜肴。此菜集中了闽菜在选料、刀工、火候等方面的特点，味美醇厚，原料保持各自特色，荤香浓郁，荤而不腻，是一道集山珍海味之大全的传统名菜，誉满中外，被烹饪界推为闽系菜谱的"首席菜"。

2. 荔枝肉

福州传统名菜，已有二三百年历史。因色、形、味皆似荔枝而得名。瘦猪肉剞花、切块，加干淀粉拌匀，油炸为荔枝果状，将荸荠、番茄及多种调料调汁煮沸，倒入肉块，翻炒而成。色泽红润，形似荔枝，脆嫩香甜。

3. 鸡汤氽海蚌

将长乐漳港所产的海蚌即西施舌切成薄片，在沸水锅中氽至六成熟后，用绍兴酒等调料腌渍，吃时淋以烧沸的鸡汤，现淋现吃。此菜鸡汤清澈见底，蚌肉脆嫩鲜美，味道极佳，营养丰富，是福州的传统海味名菜。

4. 淡糟炒竹蛏

连江、福清海域所产的竹蛏，剥去壳，剔去肚、线、膜、脚裙等，取蛏肉洗净，佐冬笋、香菇、葱蒜、淡糟等配料，烹制而成。色泽洁白，香嫩清脆，营养价值高。

5. 沙茶焖鸭块

用清水加各种调料煮鸭至半熟后切块，用沙茶酱（闽南特有调味品）及其他调料翻炒，加入骨汤焖煮而成。色泽金黄，软嫩芳香，沙茶酱味鲜美醇厚，甜辣可口。

6. 炒西施舌

采用福建长乐漳港的特产海蚌烹制。

传说春秋战国时期，越王勾践灭吴后，其妻派人偷偷将西施骗出来，用石头绑在西施身上，把她沉入海底。从此沿海泥沙中便有种类似人舌的海蚌，传说是西施的舌头，故称其为"西施舌"。福建地区很早就有人用此蚌来做美味佳肴。20世纪30年代著名作家郁达夫在闽时，曾称赞长乐西施舌是闽菜中的神品。西施舌无论余、炒、拌、炖，都具清甜鲜美的味道，令人难忘。

7. 一品戈抱蛎

戈肉、鸭蛋、蛎肉，配香菇、虾油等，掺面粉入油煎成圆粒状。外酥里嫩，味美可口。在闽菜中位居"一品"，故名。

8. 半月沉江

原名当归面筋，素菜类。油炸熟面筋，加入香菇调料腌制，放入当归汤中温煮，再蒸，浇清汤而成。半边蘑菇沉入碗底，犹如半月沉江，故名。

五、苏菜

（一）概述

苏菜即江苏菜，由淮扬、金陵、苏锡、徐海四个地方风味组成，其影响遍及长江中下游广大地区，在国内外享有盛誉。苏菜起始于南北朝时期，唐宋以后，成为"南食"两大台柱之一。其特点是浓中带淡，鲜香酥烂，原汁原汤，浓而不腻，口味平和，咸中带甜。苏州菜口味偏甜，

配色和谐；扬州菜清淡适口，主料突出，刀工精细，醇厚入味；南京、镇江菜口味和醇，玲珑细巧，尤以鸭制的菜肴负有盛名。

　　苏菜烹调技艺因擅长于炖、焖、烧、煨、炒而著称。烹调时用料严谨，注重配色，讲究造型，四季有别。江苏菜风格清新雅丽，以重视火候、讲究刀工而著称，无论是工艺冷盘、花色热菜，还是瓜果雕刻或脱骨浑制，或雕镂剔透，都显示了精湛的刀工技术，著名的"镇扬三头"（扒烧整猪头、清炖蟹粉狮子头、拆烩鲢鱼头）、"苏州三鸡"（叫化鸡、西瓜童鸡、早红橘络鸡）以及"金陵三叉"（叉烤鸭、叉烤鳜鱼、叉烤乳猪）都是其代表之名品。

清鲜平和、追求本味、适应性强是江苏风味的基调。无论是江河湖鲜，还是禽畜时蔬，都强调突出本味的一个"鲜"字。调味也注意变化，巧用淮盐，擅用糟、醇酒、红曲、虾籽，调和五味，但不离清鲜本色。

江苏菜式的组合亦颇有特色。除日常饮食和各类筵席讲究菜式搭配外，还有"三筵"具有独到之处。其一为船宴，见于大湖、瘦西湖、秦淮河；其二为斋席，见于镇江金山、焦山斋堂、苏州灵岩斋堂、扬州大明寺斋堂等；其三为全席，如全鱼席、全鸭席、鳝鱼席、全蟹席等等。

苏菜系的名菜众多，有烤方、水晶肴蹄、清炖蟹粉狮子头、金陵丸子、白汁圆菜、黄泥煨鸡、清炖鸡孚、盐水鸭（金陵

板鸭)、碧螺虾仁、蜜汁火方、樱桃肉、母
油船鸭、烂糊、黄焖栗子鸡、莼菜银鱼
汤、响油鳝糊、金香饼、鸡汤煮干丝、肉
酿生麸、凤尾虾、三套鸭、无锡肉骨头、
梁溪脆鳝、苏式酱肉和酱鸭、沛县狗肉
等。

(二)苏菜的形成

江苏东临大海,西拥洪泽,南临太
湖,长江横贯于中部,运河纵流于南北,
境内有蛛网般的港湾,串珠似的船舶,寒
暖适宜,土壤肥沃,物产丰饶,饮食资源
十分丰富,素有"鱼米之乡"之称。"春有
刀鲸夏有鳎,秋有肥鸭冬有蔬",著名的
水产品有鲥鱼、太湖银鱼、阳澄湖清水大
闸蟹、南京龙池鲫鱼以及其他众多的海

产品。优良佳蔬有太湖莼菜、淮安蒲菜、
宝应藕、板栗、鸡头肉、茭白、冬笋、荸
荠等。名特产品有南京湖熟鸭、南通狼山

鸡、扬州鹅、高邮麻鸭、南京香肚、如皋火腿、靖江肉脯、无锡油面筋等。加之一些珍禽野味，林林总总，都为江苏菜提供了雄厚的物质基础。

江苏菜历史悠久，据出土文物表明，至迟在6000年以前，江苏先民已用陶器烹调。"菜美之者，具区之菁"，商汤时期的太湖佳蔬韭菜花已登大雅之堂。《楚辞·天问》记载了彭铿做雉羹事帝尧的传说。春秋战国时期，江苏已有了全鱼炙、露鸡、吴羹和讲究刀工的鱼脍等。据《清异录》记载，扬州的缕子脍、建康七妙、苏州玲珑牡丹鲜等,有"东南佳味"之美誉,说明江苏菜在两宋时期已达到较高水平。宋代以来,苏菜的口味有较大的变化。原来南方菜咸而北方菜甜,江南进贡到长安、洛阳的鱼蟹要加糖加蜜。宋室南渡杭城,中原大批士大夫南下,带来了中原风味的影响。苏、锡今日的嗜甜,由此而滥觞。至清代,江苏菜得到进一步发展,据《清稗类钞·各省特色之肴馔》一节载:"肴馔之各有特色者,如京师、山东、四川、广东、福建、江宁、苏州、镇江、扬州、淮安。"所列十地,江苏占其五,足见其影响之广。

(三)苏菜的特点

1.用料以水鲜为主

选料严谨,强调本味,突出主料,色调淡雅,造型新颖,咸甜适中,故适应面较广。其中南京菜以烹制鸭菜著称,镇、

扬菜以烹鸡肴及江鲜见长；其细
点以发酵面点、烫面点和油酥面
点取胜。

2.烹调方法多样

刀工精细，注重火候，擅长
炖、焖、煨、焐。

3.菜品风格雅丽，追求本味

其菜肴注重造型，讲究美观，形质均
美，色调绚丽，清鲜平和，白汁清炖独具
一格，兼有糟鲜红曲之味，食有奇香，口
味上偏甜，无锡尤甚。浓而不腻，淡而不
薄，酥烂脱骨不失其形，滑嫩爽脆不失其
味。

（四）苏菜的派系

苏菜由徐海、淮扬、南京和苏南四种
风味组成，是宫廷第二大菜系。

1.淮扬风味

以扬州、淮安为中心，肴馔以清淡

见长，主要流行于以大运河为主，南至镇江，北至洪泽湖、淮河一带，东至沿海地区。和山东菜系的孔府风味并称为"国菜"。

淮扬菜选料严谨，讲究鲜活，主料突出，刀工精细，擅长炖、焖、烧、烤，重视调汤，讲究原汁原味，并精于造型，瓜果雕刻栩栩如生。口味咸淡适中，南北咸宜，并可烹制"全鳝席"。淮扬细点，造型美观，口味繁多，制作精巧，清新味美，四季有别。著名菜肴有清炖蟹粉狮子头、大煮干丝、三套鸭、水晶肴肉等。

2. 徐海风味

以徐州菜为代表，流行于徐海和河南地区，和山东菜系的孔府风味较近，曾属于鲁菜口味。徐海菜以鲜成为主，五味兼蓄，风格淳朴，注重实惠，名菜别具一格。

徐海菜鲜咸适度，习尚五辛、五味兼崇，清而不淡、浓而不浊。其菜无论取料于何物，均留意"食疗、食补"作用。另外，徐州菜多用大蟹和狗肉，尤其是全狗席甚为著名。徐海风味菜代表有：霸王别姬、沛公狗肉、彭城鱼丸等。

3. 金陵风味

以南京菜为代表，主要流行于南京和安徽地区，以滋味平和、醇正适口为特色，兼取四方之美，适应八方之需。

金陵菜烹调擅长炖、焖、叉、烤。特别讲究七滋七味，即酸、甜、苦、辣、咸、香、臭；鲜、烂、酥、嫩、脆、浓、肥。南京菜以善制鸭馔而出名，素有"金陵鸭馔甲天下"的美誉。金陵菜的代表有盐水鸭、鸭汤、鸭肠、鸭肝、鸭血、豆腐果（北方人

叫豆泡)和香菜(南京人叫元岁)。

4.苏锡风味

以苏州菜为代表,主要流行于苏锡常和上海地区,和浙菜、安徽菜系中的皖南、沿江风味相近。苏锡风味中的上海菜受浙江的影响比较大,现在有成为新菜系沪菜的趋势。苏锡菜原重视甜出头、咸收口,浓油赤酱,近代已向清新雅丽方向发展,甜味减轻,鲜咸清淡。

苏锡风味擅长炖、焖、煨、焐,注重保持原汁原味,花色精细,时令时鲜,甜咸适中,酥烂可口,清新腴美。近年来又烹制"无锡乾隆江南宴""无锡西施宴""苏州菜肴宴"和太湖船菜。苏州在民间拥有"天下第一食府"的美誉。苏南名菜有香菇炖鸡、咕咾肉、松鼠鳜鱼、巴肺汤、碧螺虾仁、响油鳝糊、白汁圆菜、西瓜鸡、鸡油菜心、糖醋排骨、太湖银鱼、阳澄湖大闸蟹。

（五）苏菜的代表菜

1. 烤方

又名叉烧方肉。将猪肉切长方块，上铁叉经4次烘烤，3次刮皮而成。烤制过程中不加调料，成品外皮松脆内香烂，上桌时改刀成片，佐以甜酱花椒盐葱白段用空心饽饽夹食。

2. 三套鸭

扬州传统名菜，清代《调鼎集》曾记载套鸭制作方法，为"肥家鸭去骨，板鸭亦去骨，填入家鸭肚内，蒸极烂，整供"。

后来扬州的厨师又将湖鸭、野鸭、菜鸽三禽相套，用宜兴产的紫砂烧锅，小火宽汤炖焖而成。家鸭肥嫩，野鸭香酥，菜鸽细鲜，风味独特。

3. 狮子头

相传始于隋朝。隋炀帝到扬州观琼花后，对扬州的万松山、金钱墩、象牙林、葵花岗四大名景十分留恋。回到行宫命御厨以上述四景为题，制作四道佳肴，即松鼠鳜鱼、金钱虾饼、象牙鸡条、葵花献肉。皇帝赞赏不已，赐宴群臣。从此，这些菜传遍大江南北。到了唐朝，郇国公府中名厨受"葵花献肉"的启示，将巨大的肉圆制成葵花状，造型别致，犹如雄狮之头，可红烧，也可清炖；清炖较嫩，加入蟹粉后成为"清炖蟹粉狮子头"，盛行于镇扬地区。

4. 金陵盐水鸭

南京名菜，当地盛行以鸭制肴，曾有"金陵鸭馔甲天下"之说。明朝建都金陵

后，先是出现金陵烤鸭，接着就是金陵盐水鸭。此菜用当年八月中秋时的"桂花鸭"为原料，用热盐、清卤水复腌后，取出挂阴凉处吹干，食用时在水中煮熟，皮白肉红，香味足，鲜嫩味美，风味独特，同明末出现的"板鸭"齐名，畅销大江南北。另有"炖菜核"，相传是清代有位钦差大臣住南京万竹园，天天吃青菜而不厌；炖菜核是由矮脚黄菜心炖制而成。

5. 梁溪脆鳝

始创于太平天国年间，因无锡古称梁溪故名。将活鳝鱼沸水汆烫，去骨经两次油炸至肉酥脆，投入滚沸浓稠的卤汁锅中，迅速颠动，待卤汁被充分吸收后，上缀嫩姜丝而食。鳝色酱褐，乌光油亮，盘旋曲折，若虬枝老，干食之松脆酥爽，甜中带咸。

6. 扬州煮干丝

同乾隆皇帝下江南有关。乾隆六下江南，扬州地方官员聘请名厨为皇帝烹制佳肴，其中有一道"九丝汤"，是用豆腐干丝加火腿丝，在鸡汤中烩制，味极鲜美。特别是干丝切得细，味道渗透较好，吸入各种鲜味，名传

天下，遂更名"煮干丝"。与鸡丝、火腿丝同煮叫鸡火干丝，加开洋为开洋干丝，加虾仁则为虾仁干丝。

7.霸王别姬

甲鱼去壳，酿入鸡脯茸，再将壳覆盖其上，另取母鸡抽出翅尖，略加整形，甲鱼与鸡反向置沙锅中，加鸡汤调料蒸至酥烂，配熟火腿片、冬菇等辅料，续蒸而成。此菜以甲鱼母鸡分喻霸王虞姬二者，相背喻为相别，汤鲜味醇，营养丰富。

六、浙菜

(一) 概述

中国著名的八大菜系之一，品种丰富，以杭州、宁波、绍兴、温州等地的菜肴为代表发展形成，在中国众多的地方风味中占有重要的地位。菜式讲究小巧精致，菜品鲜美、滑嫩、脆软清爽。在选料上追求"细、特、鲜、嫩"。浙菜选料精细，取用物料之精华，达高雅上乘之境。

菜品皆具地方特色。讲求鲜活,保持菜肴味之纯真,凡海味河鲜,须鲜活腴美。浙菜善于综合运用多种刀法、配色、成熟、装盘等烹饪技艺和美学原理,把精与美,强与巧有机结合,许多菜不但味美,而且通过精美的造型、别致的器皿,引人入胜的故事典故,构成内在的含蓄美。

浙江盛产鱼虾,又是著名的风景旅游胜地,湖山清秀,山光水色,淡雅宜人,故其菜如景,不少名菜,来自民间,制作精细,变化较多。浙菜的历史也相当悠久。京师人南下开饭店,用北方的烹调方法将南方丰富的原料做得美味可口,"南料北烹"成为浙菜系一大特色。如过去南方人口味并不偏甜,北方人南下后,影响了南方人口味,菜中也放糖了。汴京名菜"糖醋黄河鲤鱼"到临安后,以鱼为原料,烹成浙江名菜"西湖醋鱼"。

在口味上,浙菜的特点是清、香、脆、嫩、爽、鲜,既不像粤菜那么清淡,也不像川菜那么浓重，而是介于两者之间，采双方之长。注重口味纯真，烹调时多以四季鲜笋、火腿、冬菇和绿叶时菜等清鲜芳香之物辅佐，同时讲究以绍酒、葱、姜、糖、醋调味，借以去腥、解腻、吊鲜、起香。如东坡肉用绍酒代水焖制，醇香甘美。清汤越鸡则衬以火腿、嫩笋、冬菇清蒸，原汁原汤，馥香四溢。雪菜大汤黄鱼以雪里红咸菜、竹笋配伍，汤料芳香浓郁。

浙菜擅长于炒、炸、烩、熘、蒸、烧等烹调技法，炒菜以滑炒见长，力求快速烹制；炸菜外松里嫩，恰到好处；烩菜滑嫩醇鲜，羹汤风味独特；熘菜脆嫩滋润，卤汁馨香；蒸菜讲究火候，注重配料，主料多，需鲜嫩腴美，烧菜柔软入味，浓香适口。这些烹调方法大都保持主料的本色与真味，适合江浙人喜欢清淡鲜嫩的饮食习惯，在某些方面也受北方菜系的影响，为北方人所接受。无怪乎宋代大诗

人苏东坡盛赞："天下酒宴之盛，未有如杭城也。"

久负盛名的菜肴有西湖醋鱼、宋嫂鱼羹、东坡肉、龙井虾仁、干炸响铃、奉化芋头、蜜汁火方、叫化童鸡、兰花春笋、清汤鱼圆、清汤越鸡、宁式鳝丝、三丝敲鱼、虾子面筋、爆墨鱼卷、元江鲈莼羹等。

（二）浙菜的形成

浙江位于东海之滨，有千里长的海岸线，盛产海味，有经济鱼类和贝壳水产品五百余种，总产值居全国之首，物产丰富，佳肴自美，特色独具，有口皆碑。浙北是"杭、嘉、湖"大平原，河道港汊遍布，著名的太湖南临湖州，淡水鱼名贵品种，如鳜鱼、鲫鱼、青虾、湖蟹等以及四大家鱼产量极盛。又是大米与蚕桑的主要产地，素有"鱼米之乡"的称号。西南为丛

山峻岭，山珍野味历来有
名，像庆元的香菇、景宁的
黑木耳。中部为浙江盆地，
即金华大粮仓，闻名中外的
金华火腿就是选用全国瘦
肉型名猪之一的"金华两头
乌"制成的。加上举世闻名
的杭州龙井茶叶、绍兴老
酒，都是烹饪中不可缺少的
上乘原料。

　　浙菜的历史，可上溯
到吴越春秋，浙菜的烹饪原料在距今
四五千年前已相当丰富。南宋建都杭州，
北方大批名厨云集杭城，使杭菜和浙江
菜系从萌芽状态进入发展状态，浙菜从
此立于全国菜系之列。距今八百多年的
南宋名菜蟹酿橙、鳖蒸羊、东坡脯、南炒
鳝、群仙羹、两色腰子等，至今仍是高档
筵席上的名菜。民国后，杭菜首先推出了
龙井虾仁等新菜，在发掘传统菜的基础

上,大胆创新不断发展。

(三)浙菜的特点

1. 选料苛求细、特、鲜、嫩

原料讲究品种和季节时令,以充分体现原料质地的柔嫩与爽脆。细,取用物料的精华部分,使菜品达到高雅上乘。特,选用特产,使菜品具有明显的地方特色。鲜,料讲鲜活,使菜品保持味道纯真。嫩,时鲜为尚,使菜品食之清鲜爽脆。

2. 烹制独到

浙菜以烹调技法丰富多彩闻名于国内外,其中以炒、炸、烩、熘、蒸、烧六类

为擅长。浙江烹鱼,大都过水,约有2/3是用水作传热体烹制的,突出鱼的鲜嫩,保持本味。在调味上,浙菜善用料酒、葱、姜、糖、醋等。如著名的"西湖醋鱼",系活鱼现杀,经沸水汆熟,软熘而成,不加任何油腥,滑嫩鲜美,众口交赞。

3. 口味上以清鲜脆嫩为特色

浙菜力求保持主料的本色和真味,多以四季鲜笋、火腿、冬菇和绿叶菜为辅佐,同时十分讲究以绍酒、葱、姜、醋、糖调味,借以去腥、解腻、吊鲜、起香。例如,浙江名菜"东坡肉"以绍酒代水烹制,醇香甘美。由于浙江物产丰富,因此在菜名配制时多以四季鲜笋、火腿、冬菇、蘑菇和绿叶时菜等清香之物相辅佐。原料的合理搭配所产生的美味非用调味品所能及。在海鲜河鲜的烹制上,浙菜以增鲜之味和辅料来进行烹制,以突

出原料之本。

4.形态讲究精巧细腻,清秀雅丽

此风格可溯至南宋,《梦粱录》曰:"杭城风俗,凡百货卖饮食之人,多是装饰车盖担儿;盘食器皿,清洁精巧,以炫耀人耳目",浙菜许多菜肴,以风景名胜命名,造型优美。此外,许多菜肴都富有美丽的传说,文化色彩浓郁是浙江菜一大特色。

(四) 浙菜的派系

浙菜分别由杭州菜、宁波菜、绍兴菜、温州菜四大流派组成,如果以诗歌作比,杭州菜如柳永的诗,温婉隽永;宁波菜则如白居易的诗,明白晓畅;绍兴菜最神似陶渊明的诗,朴素自然;温州菜则如李白的诗,清新飘逸。

1.杭州菜

历史悠久,自南宋迁都临安(今杭

州）后，商市繁荣，各地食店相继进入临安，菜馆、食店众多，而且效仿京师。据南宋《梦粱录》记载，当时"杭城食店，多是效学京师人，开张亦御厨体式，贵官家品件"。杭州菜制作精细，品种多样，清鲜爽脆，淡雅典丽，是浙菜的主流。名菜如西湖醋鱼、东坡肉、龙井虾仁、油焖春笋、排南、西湖莼菜汤等，集中反映了"杭菜"的风味特点。

2. 温州菜

温州古称"瓯"，地处浙南沿海，当地的语言、风俗和饮食方面，都自成一体，别具一格，素以"东瓯名镇"著称。瓯菜则以海鲜入馔为主，口味清鲜，淡而不薄，烹调讲究"二轻一重"，即轻油、轻芡、重刀工。代表名菜有：三丝敲鱼、双味蝤蛑、橘络鱼脑、蒜子鱼皮、爆墨鱼花

等。

3. 绍兴菜

擅长烹制河鲜家禽，崇尚清雅，表现朴实无华，并具有平中见奇，以土求新的风格特色。代表名菜有绍虾球、干菜焖肉、清汤越鸡、白鲞扣鸡等。

4. 宁波菜

鲜咸合一，以蒸、烤、炖为主，以烹制海鲜见长，讲究鲜嫩软滑，注重保持原汁原味，主要代表菜有雪菜大汤黄鱼、奉化摇蚶、宁式鳝丝、苔菜拖黄鱼等。

（五）浙菜的代表菜

1. 东坡肉

猪五花肋肉，以绍兴名酒代水，文火烧焖而成。肉润色红，汁浓味醇，酥而不碎，绵糯不腻。源出北宋诗人苏东坡："慢著火，少著水，火候足时它自美。"已有千年制作历史。

2. 西湖醋鱼

西湖鲩鱼草鱼经沸水氽，然后调入糖汁，鱼身完整，鱼眼圆瞪，胸鳍挺竖，鱼体保持鲜活状态，鱼肉不生不老，带蟹肉滋味。

3. 宋嫂鱼羹

西湖鳜鱼又称鳜鱼或鲫花鱼。加调料蒸熟，拨醉鱼肉，剔除皮骨，于原汁卤中放火腿笋丝、香菇丝、蛋黄鸡汤、调料等烹调而成。色泽黄亮，鲜嫩滑润，味似蟹羹。已有八百余年制作历史。

4. 叫化童鸡

萧山鸡腹内填满猪腿肉、川冬菜及调料，用猪网油、荷叶箬壳等分层包扎，再用泥包裹，使成密封状态，放文火中煨烤而成。即席敲开干泥后食用。

5. 百鸟朝凤

取萧山鸡，用砂锅文火炖酥，另取20只鲜肉水饺，用鸡原

汁汤煮熟作配盖，取鸡作凤，水饺象征百鸟，水饺皮薄馅多，油润滑口，其味特鲜，旧时称鸡馄饨，创始于明代以前。

6. 干炸响铃

因其形似马铃而得名。用豆腐皮将里脊肉等作料卷成长条，切为小段，放热油中炸成。其皮层酥脆略带豆香。蘸以甜面酱或花椒盐拌葱白屑，香甜可口。

7. 生爆鳝片

黄鳝经挂糊上浆，两次油爆，浇以蒜泥、糖醋汁而成。鳝片外脆里嫩，清香四溢，酸甜爽口。始自南宋，流传至今。

8. 芙蓉肉

猪肉、板油配以鲜虾，用酒酿汁烹调，麻油淋浇，再用姜丝作花蕊，火腿片作花瓣，四周镶以青菜芯。成菜形似含露芙蓉，肉质清鲜嫩滑，香甜味醇。

9. 金玉满堂

由十种名贵热盆菜组成，如：龙凤虾、桂花条鱼、五香炸鸡、椒盐排条、金钱虾饼、蛋黄烧卖、皮包火腿、高丽蟹黄等。成菜丰盛饱满，香鲜嫩美，为冬令下酒的热盆集锦。

10. 冰糖甲鱼

甲鱼小火焖酥，加大蒜油爆，然后配冰糖、竹笋及调味品，放原汁中略焖，勾厚芡，浇亮油而成。汁浓、油重、芡厚、油亮，鱼肉绵糯润口，香甜酸咸，滋味多样。

11. 绍虾球

又名蓑衣虾球。油炸蛋糊拉成蛋松丝，紧裹虾球而成。已有百余年制作历史。

12. 绍十景

菜中有鱼圆、肉圆各八颗，与虾仁、鱼肚、竹笋、香菇、鸡肫等十余种配料烹调而成。色形美观，丰富多彩，滋味多样。

七、湘菜

（一）概述

　　湘菜即湖南菜，其特点是用料广泛，油重色浓，多以辣椒、熏腊为原料，口味注重香鲜、酸辣、软嫩，讲究菜肴内涵的精当和外形的美观，重视原料搭配，滋味互相渗透。湖南省位于中南地区，长江中游南岸，自然条件优厚，利于农、牧、副、渔的发展，故物产特别富饶，为湘菜发展提供了前提条件。

湘菜由湘江流域、洞庭湖地区和湘西山区等地方菜发展而成。湘江流域的菜以长沙、衡阳、湘潭为中心，是湖南菜的主要代表，其特色是油多、色浓，讲究实惠；湘西菜擅长香酸辣，具有浓郁的山乡风味；洞庭湖区菜以常德、岳阳两地为主，以烹制河鲜见长。

湘菜历史悠久，早在汉朝就已经形成菜系，烹调技艺已有相当高的水平。在长沙市郊马王堆出土的西汉墓中，不仅发现有鱼、猪、牛等遗骨，而且还有酱、醋以及腌制的果菜遗物。湘菜早在西汉初期就有羹、炙、脍、濯、熬、腊、濡、脯、菹等多种技艺，现在擅长腊、熏、煨、蒸、炖、炸、炒等烹调方法，技艺更精湛的则是煨。

统观全貌，湘菜刀工精细，形味兼美，调味多变，酸辣著称，讲究原汁，技法多样。湘菜代表菜有麻辣子鸡、辣味

合蒸、东安子鸡、洞庭野鸭、剁椒鱼头、酱汁肘子、冰糖湘莲、荷叶软蒸鱼、红煨鱼翅、油辣冬笋尖、湘西酸肉、红烧全狗、菊花鱿鱼、金钱鱼等。

（二）湘菜的形成

湖南地处长江中游南部，气候温和，雨量充沛，土质肥沃，湘、资、沅、澧四水流经该省，自然条件优越，物产丰富。《史记》中曾记载，楚地"地势饶食，无饥馑之患"。长期以来，"湖广熟，天下足"的谚语，更是广为流传。湘西多山，盛产笋、蕈和山珍野味；湘东南为丘陵和盆地，农牧副渔发达；湘北是著名的洞庭湖平原，素称"鱼米之乡"。优越的自然条件和富饶的物产，为千姿百态的湘菜在选料方面提供了源源不断的物质条件，著名特产有武陵甲鱼、君山银针、祁阳笔鱼、洞庭金龟、桃源鸡、临武鸭、武冈鹅、

湘莲、银鱼等。

湘菜源远流长，根深叶茂，在几千年的悠悠岁月中，经过历代的演变与进化，逐步发展成为颇负盛名的地方菜系。早在战国时期，伟大的爱国诗人屈原在其著名诗篇《招魂》中，就记载了当地的许多菜肴。西汉时期，湖南的菜肴品种就达109个，烹调方法也有九大类，这从长沙马王堆汉墓出土的文物中可以得到印证。南宋以后，湘菜自成体系已初见端倪，形成了一套以炖、焖、煨、烧、炒、熘、煎、熏、腊等烹饪技术，一些菜肴和烹艺由官府衙门盛行，并逐渐步入民间。
六朝以后，湖南的饮食文化丰富活跃。明
清两代，是湘菜发展的黄金时期，湘菜的
独特风格基本定局。

（三）湘菜的特点

1. 选料广泛

举凡空中的飞禽，地上的走兽，水中
的游鱼，山间的野味，都是湘菜的上好原
料。至于各类瓜果、时令蔬菜和各地的土
特产，更是取之不尽、用之不竭的饮食资
源。

2. 品味丰富

湘菜之所以能自立于国内烹坛之林，
独树一帜，是与其丰富的品种和味别不
可分的。据统计，湖南现有不同品味的地
方菜和风味名菜达八百多个。它品种繁
多，门类齐全。就菜式而言，既有乡土风
味的民间菜式，经济方便的大众菜式，也

有讲究实惠的筵席菜式，格调高雅的宴会菜式，还有味道随意的家常菜式和疗疾健身的药膳菜式。

3. 刀工精细，形态俊美

湘菜的基本刀法有16种之多，厨师们在长期的实践中，手法娴熟，因料而异，具体运用，演化掺合，切批斩剁，游刃有余。使菜肴千姿百态、变化无穷。整鸡剥皮，盛水不漏，瓜盅"载宝"，形态逼真，常令人击掌叫绝，叹为观止。善于精雕细刻，神形兼备，栩栩如生。情趣高雅，意境深远，给人以文化的熏陶，艺术的享受。

4. 以酸辣著称

湘菜历来重视原料互相搭配，调味上讲究原料的入味，调味工艺随原料质地而异，滋味互相渗透，交汇融合，以达到去除异味、增加美味、丰富口味的目的。因地理位置的关系，湖南气候温和湿润，湘菜口味上以酸辣著称，以辣为主，酸寓其中，开胃爽口，深受青睐，成为独具特色的地方饮食习俗。

5. 技法多样，尤重煨

因重浓郁口味，所以煨居多，其他烹调方法如炒、炸、蒸、腊等也为湖南菜所常用。相对而言，湘菜的煨炖功夫更胜一筹，几乎达到炉火纯青的地步。煨，在色泽变化上可分为红煨、白煨，在调味方面有清汤煨、浓汤煨和奶汤煨。许多煨炖出来的菜肴，成为湘菜中的名馔佳品。

（四）湘菜的派系

湖南菜有着多元结构。由于受地区物产、民风习俗和自然条件等诸多因素的影响，湘菜逐步形成了以湘江流域、洞庭湖区和湘西山区为基调的三种地方风味。三种地方

风味，虽各具特色，但相互依存，彼此交流，构成湘菜多姿多彩的格局。

湘江流域菜以长沙、衡阳、湘潭为中心，其中以长沙为主，讲究菜肴内涵的精当和外形的美观，色、香、味、器、质和谐的统一，因而成为湘菜的主流。它制作精细，用料广泛，口味多变，品种繁多。其特点是油重色浓，讲求实惠，在品味上注重酸辣、香鲜、软嫩。在制法上以煨、炖、腊、蒸、炒诸法见称。煨、炖讲究微火烹调，煨则味透汁浓；炖则汤清如镜；腊味制法包括烟熏、卤制、叉烧，著名的湖南腊肉系烟熏制品，既作冷盘，又可热炒，或用优质原汤蒸；炒则突出鲜、嫩、香、辣，市井皆知。著名代表菜有：海参盆蒸、腊味合蒸、走油豆豉扣肉、麻辣子鸡等。

洞庭湖区菜以常德、岳阳两地为主，以烹制河鲜、家禽见长，多用炖、烧、腊的制法，其特点是芡大油厚，咸辣香软。

炖菜常用火锅上桌，民间则用蒸钵置泥炉上炖煮，俗称蒸钵炉子。往往是边煮边吃边下料，滚热鲜嫩，津津有味，当地有"不愿进朝当驸马，只要蒸钵炉子咕咕嘎"的民谣，充分说明炖菜广为人民喜爱。代表菜有洞庭金龟、蝴蝶飘海、冰糖湘莲等。

湘西地区菜则由湘西、湘北的民族风味菜组成，以烹制山珍野味见长。擅长制作山珍野味、烟熏腊肉和各种腌肉，口味侧重咸香酸辣，常以柴炭作燃料，有浓厚的山乡风味。代表菜有红烧寒菌、板栗烧菜心、湘西酸肉、炒血鸭等。

（五）湘菜的代表菜

1.祖庵鱼翅

又名细煨鱼翅，始于清代光绪年间，是湖南传统名菜之一。据传，此菜为清光绪进士、湖南督军谭延闿（字祖庵）的家

厨曹敬臣所创。他将红煨鱼翅的方法改为鸡肉、猪肘肉与鱼翅同煨,使原料中的蛋白质、脂肪及无机盐等营养素在煨制过程中缓慢透入鱼翅,融为一体,从而改变鱼翅所含不完全蛋白质的状况,弥补了以往汤味鲜但鱼翅味差的不足。

2. 花菇无黄蛋

长沙的传统名菜,早在20世纪30年代即闻名遐迩。花菇无黄蛋制作的关键在于掌握火候,既要蒸熟,又不能让蛋清流出,破坏造型。蔡海云制作的无黄蛋,蛋面光滑不破,质地异常鲜嫩。顾客吃到这种没有蛋黄的鸡蛋,往往惊叹不已。

3. 东安子鸡

当地小种子鸡煮至半熟，切成长条，油锅煸炒而成。质地细嫩，酸、辣、鲜、香。

4. 红烧全狗

以全狗肉切成块，煸后盛入特制瓦罐内，小炭火煨至软烂。色泽红亮，香醇盈口。为冬令佳肴。

5. 翠竹粉蒸鲴鱼

以洞庭湖特产鲴鱼，佐以米粉，密封于翠竹筒内蒸熟。成品风格别致，筒盖揭开，香气扑鼻，米粉油润，鱼肉洁白，细嫩鲜软。

6. 发丝百叶

取牛肚内壁中的皱褶部位，称百叶，煮熟，切细丝如发，熘炒而成。色白脆嫩，香辣爽口。

7. 全家福

全家福是家宴的传统头道菜，以示合家欢乐，幸福美满。全家福的用料比较简易，一般主料为：油炸肉丸、蛋肉卷、水发炸肉皮、净冬笋、水发豆笋、水发木耳、素肉片、熟肚片、碱发墨鱼片、鸡胗、鸡肝等。辅料为：精盐、味精、胡椒粉、葱段、酱油、水芡粉、鲜肉汤等。

8.子龙脱袍

是一道以鳝鱼为主料的传统湘菜。因其鳝鱼在制作过程中需经破鱼、剔骨、去头、脱皮等工序，特别是鳝鱼脱皮，形似古代武将脱袍，故将此菜取名为子龙脱袍。子龙脱袍不仅制法独特，且菜名别致新奇，耐人寻味，一直吸引着不少名士。如齐白石、吴晗、田汉等曾光顾曲园，品尝此菜。

八、徽菜

(一) 概述

徽菜又称"徽帮""安徽风味",是中国著名的八大菜系之一。徽菜源于南宋时期的古徽州(今安徽歙县一带),原是徽州山区的地方风味。由于徽商的崛起,这种地方风味逐渐进入市肆,流传于苏、浙、赣、闽、沪、鄂以至长江中下游区域,具有广泛的影响。徽菜具有浓郁的地方特色和深厚的文化底蕴，是中华饮食文化宝库中一颗璀璨的明珠。

徽菜以皖南、沿江和沿淮三种地方风味构成，以皖南菜为代表。沿江菜以芜湖、安庆的地方菜为代表，以后传到合肥地区，以烹调河鲜、家禽见长。沿淮菜以蚌埠、宿县、阜阳等地方风味菜肴构成。皖南菜起源于黄山麓下的歙县，即古代的徽州。后因新安江畔的屯溪小镇商业兴旺，饮食业发达，徽菜的重点逐渐转移到屯溪，在这里得到进一步发展。

徽菜的总体风格是清雅淳朴、原汁原味、酥嫩香鲜、浓淡适宜，选料严谨、火工独到、讲究食补、注重本味、菜式多样、南北咸宜。徽菜擅长烧、炖、蒸，而少爆炒，烹饪炙大、油重、色浓、朴素实惠，以烹制山野海味而闻名，早在南宋时，"沙地马蹄鳖，雪中牛尾狐"，已成为当时著名菜肴。

徽菜的烹饪技法，包括刀工、火候和

操作技术，三个因素互为补充，相得益彰。徽菜之重火工是历来的优良传统，其独到之处集中体现在擅长烧、炖、熏、蒸类的功夫菜上。不同菜肴使用不同的控火技术是徽帮厨师造诣深浅的重要标志，也是徽菜能形成酥、嫩、香、鲜独特风格的基本手段，徽菜常用的烹饪技法约有二十大类五十余种，其中最能体现徽式特色的是滑烧、清炖和生熏法。

徽菜的传统品种多达千种以上，代表菜品有红烧果子狸、红烧头尾、火腿炖甲鱼、黄山炖鸽、雪冬烧山鸡、毛峰熏鲥鱼、符离集烧鸡、蜂窝豆腐、奶汁肥王鱼、无为熏鸭等。其中"火腿炖甲鱼"又名"清炖马蹄鳖"，是徽菜中最古老的传统名菜。采用当地最著名的特产"沙地马蹄鳖"炖成。相传南宋时，上至高宗，下至地方百官都品尝过此菜。明清时一些著名诗人、居士都曾慕名前往徽州品尝"马蹄鳖"之美味，因而享誉全国，成为安徽特有的传统名菜。

（二）徽菜的形成

安徽位于华东腹地，举世闻名的黄山和九华山蜿蜒于江南大地，雄奇的大别山和秀丽的天柱山绵亘于皖西边沿，成为安徽境内的两大天然屏障。长江、淮河自西向东横贯境内，把全省分为江南、淮北和江淮之间三个自然区域。江南山区，奇峰叠翠，山峦连接，盛产茶叶，有竹笋、香菇、木耳、板栗、枇杷、雪梨、香榧、琥珀枣，以及石鸡、甲鱼、鹰龟、桃花鳜、果子狸等山珍野味。淮北平原，沃土千里，良田万顷，盛产粮食、油料、蔬果、禽畜，是著名的鱼米之乡，这里鸡鸭成群，猪羊满圈，蔬菜时鲜，果香迷人，特别是砀山酥梨、萧县葡萄、太和椿芽，早已蜚声国内外。沿江、沿淮和巢湖一带，是我国淡水鱼重要产区之一，万顷碧波为徽菜提

供了丰富的水产资源。其中名贵的长江鲥鱼、巢湖银鱼、淮河回王鱼、泾县琴鱼、三河螃蟹等，都是久负盛名的席上珍品。这些给徽菜的形成和发展提供了良好的物质基础。

徽菜的形成、发展与徽商的兴起、发迹关系密切。徽商史称"新安大贾"，起于东晋，唐宋时期日渐发达，明代晚期至清乾隆末期是徽商的黄金时代。其时，徽州营商人数之多，活动范围之广，资本之雄厚，皆居当时商团之前列。徽商富甲天下，生活奢靡，而又偏爱家乡风味，其饮馔之丰盛，筵席之豪华，对徽菜的发展起了推波助澜的作用，可以说哪里有徽商哪里就有徽菜馆。明清时期，徽商在扬州、上海、武汉盛极一时，上海的徽菜馆曾一度达五百余家，足见其涉及面之广，影响力之大。在漫长的岁月里，经过历代名厨的辛勤创造、兼收并蓄，如今已集中了安徽各地的风味特色、名馔佳肴，逐步形成了一个雅俗共赏、南北咸宜、独具一格、自成一体的著名菜系。

（三）徽菜的特点

1. 原料立足于新鲜活嫩

就地取材，选料严谨，四季有别，充分发挥安徽盛产山珍野味的优势，选料时如笋非政山不用，鸡非当年仔鸡不取，鳖必用马蹄大为贵，鱼以色白鲜活为宜。

2. 巧妙用火，功夫独特

重色、重油、重火工，火工独到之处在于烧、炖、蒸，有的先炸后蒸，有的先炖后炸，还有的熏中淋水、火烧涂料、中途焖火等，使菜肴味更为鲜美，如徽烧鱼用旺火急烧，肉嫩味美，五分钟菜堪称一绝。使用不同控火技术，是徽菜形成酥、香、鲜独特风格的基本手段。

3. 擅长烧、炖,浓淡适宜

烹调技法,徽菜以烧、炖、熏、蒸而闻名,制作的菜肴各具特色。烧,讲究软糯可口,余味隽永;炖,要求汤醇味鲜,熟透酥嫩;熏,重在色泽鲜艳,芳香馥郁;蒸,做到原汁原味,爽口宜人,一菜一味。

4. 讲究食补,药食并重

以食补疗,以食养身,在保持风味特色的同时,十分注意菜肴的滋补营养价值,其烹调技法多用于烧、炖,使成菜达到软糯可口,熟透酥嫩,徽菜常用整鸡、整鳖煮汁熬汤,用山药炖鸡等。

(四)徽菜的派系

徽菜是由皖南、沿江和沿淮三种地

方风味所构成。

1. 皖南风味

以徽州地方菜肴为代表，它是徽菜的主流和渊源，向以烹制山珍海味而著称，喜用火腿佐味，以冰糖提鲜，擅长炖、烧，讲究火工。芡大油重，朴素实惠，善于保持原汁原味。不少菜肴都是用木炭火单炖，原锅上桌，不仅香气四溢，诱人食欲，而且体现了徽味古朴典雅的风格。其代表菜有：清炖马蹄鳖、黄山炖鸽、腌鲜鳜鱼、红烧果子狸、徽州毛豆腐、徽州桃脂烧肉等。

2. 沿江风味

盛行于芜湖、安庆及巢湖地区，它以烹调河鲜、家禽见长，讲究刀工，注意形色，善于用糖调味，擅长红烧、清蒸和烟熏技艺，其菜肴具有酥嫩、鲜醇、清爽、浓香的特色。代表菜有清香沙焐鸡、生熏仔鸡、八大锤、毛峰熏鲥鱼、火烘鱼、蟹黄虾盅等。"菜花甲鱼菊花蟹，刀鱼过后鲥鱼来，春笋蚕豆荷花藕，八月桂花鹅鸭肥"，鲜明地体现了沿江人民的食俗情趣。

3. 沿淮风味

主要盛行于蚌埠、宿县、阜阳等地。其风味特色是：质朴、酥脆、咸鲜、爽口，一般咸中带辣，汤汁口重色浓。在烹调上长于烧、炸、熘等技法，善用芫荽、辣椒配色佐味。代表菜有：奶汁肥王鱼、香炸琵琶虾、鱼咬羊、老蚌怀珠、朱洪武豆腐、焦炸羊肉等，都较好地反映了这一地区的风味特色。

（五）徽菜的代表菜

1. 石耳炖鸡

母鸡、黄山石耳、火腿骨及调料用旺火烧开，微火细炖，至鸡肉酥烂而成。汤清香醇，鸡肉味美。

2. 红烧划水

青鱼尾划成条块，热油滚后，加鸡汤、调料，以旺火急烧而成。色泽酱红，皮肉软嫩，香浓味鲜。

3. 软炸石鸡

石鸡剁大块，调料腌渍入味后，挂蛋青糊，入油炸黄，用花椒盐或番茄酱佐食，酥脆鲜香，风味别具。

4. 屯溪醉蟹

鲜蟹配白酒及调料装坛封口，醉腌7天而成。色青微黄，肉嫩鲜美，酒香浓郁，回味甘甜。已有一百四十余年制作历史。

5. 腌鲜鳜鱼

鲜鳜鱼腌渍7天后，油炸，加笋片、肉片、调料，用小火细烧而成。鱼肉鲜嫩、芳香，味入肉透骨。已有百年制作历史。

6. 纸包三鲜

鸡肉、火腿、冬菇分别切片，用调料腌渍入味，取玻璃纸，上下放鸡肉及冬菇各一块，中夹火腿，包成长方包，入低温油炸熟。味鲜色绝，原汁原味。

7. 火腿炖甲鱼

当地产马蹄鳖剁块，开水中煮至再开，加火腿、鸡汤、绍酒，旺火烧开，加入冰糖，转用微火炖烂，火腿切片，复入锅内淋猪油，撒胡椒面而成。甲鱼裙边滑润，汤色香醇，肉烂、香浓、无腥味。

8. 徽州圆子

猪肥膘肉、金橘、蜜枣、青梅、白糖、桂花等制成馅心，用肥膘肉泥和炒米花、蛋清、淀粉制成外皮，撮成乒乓球大小的圆子，下油炸至金黄，浇白糖卤汁而成。颗粒均匀，油光泛亮，外皮酥脆，馅心香嫩，味道鲜美，已经有一百五十余年制作

历史。

9. 什锦虾球

原名油煎虾包。以鸡肉、猪肉、香菇、火腿、干贝丁末加调料为馅心；虾仁、猪肥膘肉泥加调料做皮，包馅心成球，于油中炸黄而成。皮脆馅鲜，滋润爽口。

10. 蟹黄虾盅

虾仁与猪肥膘肉泥加蛋清、调料搅拌；取小酒杯依次放入蟹黄、蟹肉、香菜、虾泥，蒸熟。浇鸡汤卤汁，配姜、醋而食。虾肉晶莹，色泽艳丽，鲜嫩香郁。

11. 奶汁回王鱼

回王鱼两侧划柳叶刀花，放热鸡汤中汆之，并加猪瘦肉片等调料，用大火

"独"汤，至鱼皮中胶质析出，鱼肉内的蛋白质溶于汤内，汤浓似奶时即成。鱼肉肥嫩细腻，滋味极鲜。

12. 瓤豆腐

鸡脯肉、猪里脊肉、虾仁制成肉泥，夹于两豆腐片之间，下油炸熟，浇糖、醋、山楂熬成的卤汁而成。豆腐颜色黄亮，外面脆香，肉质鲜嫩，甜酸适度，清爽可口。为明代朱元璋喜食的名菜。已有五百余年制作历史。

13. 四季豆腐

八公山豆腐切为小块，用开水烫，挂糊油炸，配笋片、虾籽、木耳及调料烹制而成。表皮金黄，内色玉白，脆香、软嫩、味美。已有两千余年制作历史。

14. 椿芽焖蛋

紫油香椿嫩芽开水闷烫，沥干、切碎；鸡蛋倒入油锅随即倒入椿芽，使蛋液包住椿芽，转小火焖成。味道鲜美，脆嫩无渣，椿香浓郁。